KB061429

바이러스 발견부터 코로나19 유행까지
바이러스의 지구 지배기

A PLANET OF VIRUSES

바이러스 행성

칼 짐머 지음 | 이언 쇠너 그림 | 이한음 옮김

위즈덤하우스

내 애호하는 숙주, 그레이스에게

서문

바이러스는 거의 10억 명에 이르는 사람들의 삶에 영향을 끼침으로써 인간의 안녕에 혼란을 일으킨다. 한편으로는 지난 한 세기에 걸쳐 이루어진 생물학의 놀라운 발전에 큰 역할을 했다. 천연두바이러스는 과거에 가장 많은 인명을 앗아간 살인자였으나, 지금은 지구에서 박멸된 몇 안 되는 병원체 중 하나가 되었다. 인플루엔자, 에볼라, 지카, 지금의 세계적인 코로나19와 같은 유행병을 일으키는 바이러스들은 되풀이하여 출현함으로써, 세계적인 재앙을 일으키겠다고 위협하고 유별난 도전과제를 제기한다. 이런 바이러스들은 인간의 안녕을 계속 위협할 가능성이 높다. 따라서 바이러스를 더 제대로 이해한다면 앞으로 바이러스 질병과 세계적 유행병에 대비하고 그것을 예방하는 데 도움이 될 것이다.

바이러스는 눈에 보이지 않지만 지구 생태계의 역동적인 구성원이다. 그들은 종 사이에 DNA를 옮기고, 진화를 위한 새로운 유전물질을 제공하며, 방대한 생물 개체군의 크기를 조절한다. 미생물에서 대형 포유류에 이르기까지 모든 종은 바이러스의 활동에 영향을 받는다. 바이러스는 종에 영향을 끼치는 차원을 넘어서 기후, 토양, 바다, 민물에도 영향을 미친다. 동물, 식물, 미생물이 진화 과정에서 어떻게 변해왔는지를 생각할 때면, 이 행성을 공유하는 작지만 강력한 바이러스들이 중요한 역할을 해왔다는 점도 고려해야 한다.

2011년 이 책의 초판이 발행된 이래로 바이러스는 우리 모두에게 계속 놀라움을 안겨줬다. 예전에는 아프리카의 오지에서 소규모로 퍼지곤 했던 에볼라바이러스는 폭발적으로 전파되면서 대발생했고, 처음으로 다른 대륙까지 퍼졌다. 메르스와 사스 같은 새로운 바이러스는 인수 공통 감염을 통해서 동물로부터 사람에게로 전파되었다. 1983년에 처음 알려진 HIV는 현재 전 세계 기준 거의 3800만 명이 감염되어 있다. 그러나 과학자들은 바이러스의 놀라운 다양성을 우리에게 이로운 방향으로 활용할 새로운 방법들도 발견하고 있다. 칼 짐머는 개정판에서 이 모든 발전에 초점을 맞추고 있다.

칼 짐머가 이 책에 실은 글의 대부분은 원래 국립 보건원에서 주는 과학 교육 동반자상(Science Education Partnership Award) 의 지원을 받아 만든 '바이러스의 세계(World of Viruses)'라는 사 업 과제물에 실린 것이다. '바이러스의 세계'는 만화, 교사 전 문성 향상, 스마트폰과 태블릿 응용 프로그램 등을 통해 바이 러스와 바이러스학을 더 깊이 이해하도록 돕기 위해 구성했다. '바이러스의 세계'를 더 알고 싶다면 다음 웹사이트를 방문하 시기를 바란다.

http://www.worldofviruses.unl.edu.

- 주디 다이아몬드 _네브래스카 주립 대학교 박물관 교수 겸 큐레이터, 바이러스의 세계 사업 책임자
- 찰스 우드 _네브래스카 주립 대학교 생명과학 및 생화학 교수, 네브래 스카 바이러스학 센터 소장

차례

머리말

'전염성을 띤 살아 있는 액체'

담배모자이크바이러스와 바이러스 세계의 발견

멕시코 치와와시에서 남동쪽으로 약 80킬로미터 떨어진 곳에 나이카산맥이라는 헐벗고 메마른 곳이 있다. 2000년에 광부들이 산맥 속으로 얼기설기 나 있는 동굴을 따라 내려갔다. 지하 300미터쯤 내려가자, 마치 다른 세계가 눈앞에 펼쳐지는 듯했다. 그들은 폭이 9미터, 길이가 27미터에 이르는 공간에 들어와 있었다. 천장, 벽, 바닥은 온통 매끄럽고 투명한 석고 결정으로 뒤덮여 있었다. 많은 동굴에 결정이 있긴 하지만, 나이카산맥에 있는 것은 달랐다. 결정 하나가 길이가 11미터에 무게가 55톤에 달했다. 그것은 목걸이에 끼우는 작은 결정이 아니었다. 산처럼 기어올라야 하는 결정이었다.

발견이 이루어진 뒤 지금까지 극소수의 과학자들만이 허가를 받아서 이 별난 방을 방문할 수 있었다. 지금은 수정동굴이라고 불린다. 그라나다 대학교의 지질학자 후안 마누엘 가르시아-루이스(Juan Manuel Garcia-Ruiz)도 그곳을 방문한 바 있다. 그는 이 결정이 2600만 년 전에 형성되었다고 판단했다. 당시 지구 깊숙한 곳에서 녹은 암석이 솟아오르면서 산맥을 형성하고 있었다. 그때 지하에 방이 생기고 광물질을 함유한 뜨거운 물이 안에 들어찼다. 지하에 있는 마그마의 열로 물은 섭씨 약 136도로 유지되었다. 물에서 광물이 침전되어 결정을 형성하기에 딱 맞는 온도였다. 이유는 불분명하지만, 물은 수십만 년 동안 그 완벽한 온도로 유지되었고, 그렇게 이글거리는 상태가 오랜 세월 유지된 덕분에 결정은 초현실적인 크기로 자랄 수 있었다.

2009년 커티스 서틀(Curtis Suttle) 연구진도 수정동굴 탐사에 나섰다. 서틀 연구진은 그 방의 물웅덩이에서 물을 채집하여 브리티시컬럼비아 대학교의 연구실로 가져와서 분석했다. 서틀의 연구 방향을 생각하면, 굳이 헛고생을 하러 그 동굴까지 간 것이 아닐까 하는 생각이 들 수도 있다. 서틀은 결정이나 광물에, 아니 아예 암석 자체에 전혀 관심이 없다. 그는 바이러스를 연구하니까 말이다.

수정동굴에는 바이러스가 감염시킬 사람이 전혀 살지 않는다. 물고기도 없다. 동굴은 수백만 년 동안 바깥 세계의 생물과 사실상 단절되어 있었다. 하지만 서틀의 여행은 할 만한 가치가 있었음이 드러났다. 그가 동굴에서 떠온 물을 현미경으로 들여다보자, 바이러스가 보였다. 우글거렸다. 수정동굴의 물 한 방울에 2억 마리까지 들어 있기도 한다.

같은 해에 과학자 대너 월너(Dana Willner)도 바이러스 탐사에 나섰다. 그녀는 동굴 대신에 인체를 탐사했다. 월너 연구진은 사람들에게 가래를 컵에 뱉어달라고 했고, 연구진은 가래를 걸러서 DNA 조각을 추출했다. 그런 뒤에 그 DNA 조각들을 온라인 데이터베이스에 있는 수백만 개의 DNA 서열과 비교했다. DNA 중 상당수는 사람의 것이었지만, 바이러스에서 나온 조각도 많았다. 월너가 연구하기 전까지, 과학자들은 건강한 사람의 허파가 무균 상태라고 여겼다. 하지만 월너 연구진은 사람들의 허파에 평균 174종의 바이러스가 있다는 것을 발견했다. 게다가 월너가 발견한 종 가운데 이전에 발견된 바이러스와 유연관계가 가까운 것은 10퍼센트에 불과했다. 나머지 90퍼센트는 수정동굴에 숨어 있는 것만큼 낯설었다.

동굴과 허파이든, 티베트의 빙하와 높은 산꼭대기 위로 부는 바람이든 간에 과학자들이 들여다보는 곳마다 바이러스는 계속 발견되고 있다. 깊이 연구할 시간이 없을 만치 너무나 많이 빠르게 계속 발견되고 있다. 지금까지 과학자들이 공식적으로 학명을 붙인 바이러스는 수천 종에 불과한데, 일부에서는 실제 바이러스의 종수가 조 단위에 이를 수 있다고 추정한다. 바이러스학은 아직 유아기에 있다. 그러나 바이러스 자체는 오래전부터 우리 곁에 있었다. 수천 년 동안 우리는 바이러스의 활동 결과인 질병과 죽음만을 알고 있었다. 그런 결과와 원인을 연관 짓는 법을 알게 된 것은 최근의 일이었다.

'바이러스(virus)'라는 단어 자체는 모순으로 시작했다. 우리는 로마제국에서 그 단어를 물려받았다. 로마인에게 그 단어는 뱀의 독 또는 남성의 정액을 의미했다. 창조와 파괴가 한 단어에 담겨 있었다.

수세기가 흐르면서 바이러스라는 단어는 다른 의미를 갖게 되었다. 질병을 퍼뜨릴 수 있는 감염성 물질을 의미하게 된 것이다. 그것은 염증이 생긴 종기에서 스며 나오는 것과 같은 액체일 수도 있었다. 공기를 통해 수수께끼처럼 전파되는 물질일 수도 있었다. 종이에 배어 있다가 만진 손가락을 통해 질병을 퍼뜨리는 것일 수도 있었다.

바이러스는 1800년대 말에야 현대적인 의미를 가지기 시작했다. 농업에 일어난 재앙 때문이었다. 네덜란드의 담배밭을 질병이 휩쓴 사건이었다. 담배식물이 이 병에 걸리면 키가 제대로 자라지 못하고 잎이 군데군데 조직이 죽어서 모자이크처럼 보였다. 이 병이 번지면 아예 담배 농사 자체를 포기해야 했다.

1879년 네덜란드 농민들은 젊은 농화학자 아돌프 마이어(Adolph Mayer)에게 도와달라고 요청했다. 마이어는 그 재앙에 담배모자이크병(tobacco mosaic disease)이라는 이름을 붙였다. 원인을 찾고자 그는 담배식물이 자라는 환경을 조사했다. 토양, 기온, 햇빛 같은 것들이었다. 하지만 건강한 식물의 환경과 병든 식물의 환경 사이에는 아무런 차이가 없었다. 그래서 그는 어떤 보이지 않는 감염이 원인이 아닐까 생각했다. 과학자들이 감자 같은 작물들이 균류에 감염될 수 있다는 사실을 이미 발견했기에, 마이어는 담배식물이 균류에 감염되었는지 살펴보았다. 전혀 없었다. 그는 혹시 잎에 기생충이 달라붙어 있는지도 조사했다. 전혀 없었다.

이윽고 마이어는 병든 식물의 수액을 추출하여 건강한 담배식물에 주입해보았다. 그러자 건강한 식물도 병이 들었다. 어떤 미세한 병원체가 식물 내에서 증식하는 것이 분명했다. 마이어는 병든 식물의 수액을 채취하여 실험실에서 배양했다. 그러자 세균 군체가 증식하면서 커졌고, 이윽고 맨눈으로도 보일 정도가 되었다. 마이어는 그 세균을 건강한 식물에 접종해서, 담배모자이크병을 일으키는지 알아보았다. 그러나 세균은 그

병을 일으키지 않는다는 것이 드러났다. 그 뒤로 과학자들은 식물이 사실 잎에서 뿌리까지 온통 세균으로 덮여 있다는 것을 알게 되었다. 많은 미생물은 식물을 병들게 하기는커녕 식물이 잘 자라도록 돕는다. 그 실패를 계기로 마이어는 연구를 접었다. 바이러스의 세계는 그대로 닫힌 채로 남았다.

몇 년 뒤 마르티뉘스 베이에린크(Martinus Beijerinck)라는 네덜란드 과학자가 마이어가 중단한 연구를 이어받았다. 그는 기생충이나 균류, 세균이 아닌 다른 무언가가 담배모자이크병을 일으키는 것이 아닐까 생각했다. 훨씬 더 작은 무언가가 말이다. 그는 병에 걸린 식물을 짓이겨 간 뒤, 세포에 들어 있던 모든 것을 걸러낼 만큼 아주 고운 여과기로 걸렀다. 그러자 세포 잔해가 전혀 없는 깨끗한 액체만 남았다. 베이에린크는 그 액체를 건강한 식물에 주사했다. 그러자 식물들이 담배모자이크병에 걸렸다. 베이에린크는 새로 감염된 식물에서 걸러낸 즙으로 더 많은 담배식물을 감염시킬 수 있었다.

1898년 베이에린크는 자신의 발견을 기술할 때, 여과한 즙을 "전염성을 띤 살아 있는 액체"라고 불렀다. 그 안에 담배모자이크병을 퍼뜨리는 무언가가 들어 있었다. 베이에린크는 그 물질이 살아 있지만, 자신이 아는 모든 생명과 다를 것이라고 가정했다. 19세기 말, 연구자들은 모든 생물이 세포로 이루어져 있다고 확신했다. 그런데 그의 액체에는 세포가 전혀 들어 있

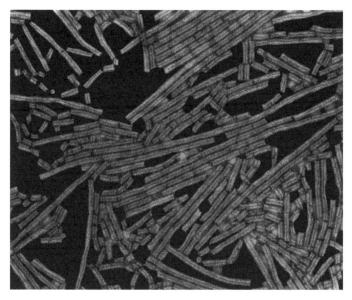
▌전 세계에서 식물에 질병을 일으키는 담배모자이크바이러스.

지 않았다. 게다가 그 안에 든 무언가는 놀라울 만치 강인한 것이 틀림없었다. 베이에린크가 여과액에 알코올을 넣어도 감염성이 유지되었다. 거의 끓을 지경까지 가열해도 전혀 해를 입지 않았다. 베이에린크는 여과기에 감염성 수액을 적셨다가 말렸다. 석 달 뒤 그 여과기를 물에 담가서 만든 용액을 새 식물에 주사하자 식물은 병에 걸렸다.

　베이에린크는 자신의 전염성을 띤 살아 있는 액체에 든 수수께끼의 감염체를 기술하기 위해 바이러스라는 단어를 사용했다. 이 오래된 단어를 빌려다가 새 의미를 부여했다. 베이에린크는 바이러스가 실제로 무엇이라고 정의할 수는 없었다. 그것이 무엇이 아니라고만 말할 수 있을 뿐이었다. 그것은 동물도 식물도 균류도 세균도 아니었다. 다른 무엇이었다.

곧 바이러스가 베이에린크가 발견한 것 말고도 많이 있다는 사실이 명확히 드러났다. 1900년대 초에 다른 과학자들도 여과액으로 감염시키는 그의 방법을 써서 다른 질병들을 일으키는 다른 바이러스들을 찾아냈다. 이윽고 과학자들은 몇몇 바이러스를 숙주 바깥에서 배양하는 법도 알아냈다. 배양접시에서 세포를 배양할 수 있다면, 바이러스도 배양할 수 있었다.

그런 일까지 해냈음에도 과학자들은 아직 바이러스가 실제로 무엇인지를 놓고 의견이 분분했다. 어떤 이들은 바이러스가 세포를 착취하는 기생생물이라고 주장했다. 반면에 그냥 화학 물질에 불과하다고 보는 이들도 있었다. 바이러스를 둘러싸고 너무나 극심한 혼란이 빚어지는 바람에, 과학자들은 바이러스가 살아 있는 것인지 아닌지를 놓고서도 의견이 갈렸다. 1923년 영국 바이러스학자 프레더릭 트워트(Frederick Twort)는 이렇게 선언했다. "바이러스의 본질을 정의하기란 불가능하다."

그 혼란은 웬델 스탠리(Wendell Stanley)라는 화학자의 연구 덕분에 사라지기 시작했다. 1920년대에 화학을 공부하는 학생일 때, 스탠리는 분자들을 반복되는 양상으로 결합하여 결정을 만드는 법을 배웠다. 과학자들은 분자가 다른 상태로 존재할 때에는 알 수 없는 것들을 결정 형태를 연구하여 알아낼 수 있었다. 결정에 엑스선(X-ray)을 쐬면, 엑스선이 원자에 부딪쳐서 튀어나가 사진 감광판에 닿았다. 그렇게 감광판에 닿은 엑스선들은 곡선, 직선, 점 같은 반복되는 무늬를 그렸고, 과학자들은 그 무늬를 분석하여 결정의 분자 구조를 파악할 수 있었다.

1900년대 초에 과학자들은 결정을 연구하여 생물학의 가장 큰 수수께끼 중 하나를 풀었다. 당시 과학자들은 생물이 효소라는 수수께끼의 분자를 지닌다는 것을 알고 있었다. 효소는 다른 특정한 분자를 정확하게 쪼개는 일을 할 수 있었다. 과학자들은 효소의 진정한 특성을 이해하고자, 효소를 결정 형태로 만들었다. 그 결정에 엑스선을 쐬어서 나온 무늬를 분석하자, 효소가 단백질로 이루어져 있음이 드러났다. 스탠리는 바이러스도 다른 무언가를 변화시키는 능력을 지니므로, 단백질로 이루어져 있지 않을까 생각했다.

그 생각이 맞는지 알아보고자, 그는 바이러스를 결정 형태로 만들었다. 그는 친숙한 종을 연구 대상으로 골랐다. 바로 담배모자이크바이러스였다. 그는 40년 전에 베이에린크가 했던 것처럼, 감염된 담배식물의 즙을 짜서 아주 촘촘한 여과기로 걸렀다. 거른 액체에서 모든 오염물을 제거한 뒤, 결정이 형성되도록 했다. 놀랍게도 액체에서 미세한 바늘 모양의 결정이 형성되기 시작했다. 바늘들은 점점 자라서 불투명한 판 모양이 되었다. 역사상 처음으로 바이러스를 맨눈으로 볼 수 있게 된 것이다.

스탠리는 바이러스 결정이 광물처럼 울퉁불퉁하다는 것을 알아냈다. 소금을 찬장에 보관하는 것처럼 그 결정도 몇 달 동안 보관할 수 있었다. 그 뒤에 결정에 물을 첨가하자 결정은 녹아서 눈에 보이지 않게 되었고, 다시금 전염성을 띤 살아 있는 액체가 되었다.

1935년 스탠리는 실험 결과를 발표했고, 세계는 깜짝 놀랐다. 〈뉴욕 타임스〉는 이렇게 선언했다. "전통적인 삶과 죽음의 구분이 타당성을 일부 잃었다."

그러나 스탠리의 연구는 획기적이긴 했지만, 한계도 있었다. 우선 그는 사소하지만 심오한 실수를 하나 저질렀다. 담배모자이크바이러스는 오로지 단백질로만 이루어진 것이 아니었다. 영국 과학자 노먼 파이리(Norman Pirie)와 프레드 보던(Fred Bawden)이 1936년에 바이러스의 무게 중 5퍼센트는 다른 분자로 이루어져 있다는 것을 알아냈다. 핵산이라는 가닥 모양의 수수께끼 같은 물질이었다. 과학자들은 나중에 핵산이, 단백질을 비롯한 분자들을 만드는 명령문인 유전자를 이루는 물질임을 나중에 밝혀냈다. 우리 세포는 데옥시리보핵산, 줄여서 DNA라는 이중 나선을 이룬 핵산에 유전자를 저장한다. 많은 바이러스도 DNA에 유전자를 지니고 있다. 반면에 담배모자이크바이러스처럼 DNA 대신에 리보핵산, 줄여서 RNA라는 단일 가닥 형태의 핵산을 지닌 바이러스도 있다. 과학자들은 수십 년이 흐른 뒤에야 바이러스가 이 유전물질을 써서 세포로 침입하여 새 바이러스를 만든다는 것을 발견하게 된다.

그리고 스탠리가 처음으로 바이러스를 맨눈으로 보긴 했지만, 그는 엄청나게 많이 뭉쳐 있는 바이러스를 본 것이었다. 그가 만든 결정은 담배모자이크바이러스가 수백만 개까지 서로 격자 모양으로 얽혀서 형성된 것이었다. 각 바이러스를 보려면, 먼저 새로운 유형의 현미경이 발명되어야 했다. 전자 광선을 써서 아주 미세한 물체를 보는 현미경이었다. 1939년 구스타프 카우셰(Gustav Kausche), 에드가 판쿠크(Edgar Pfannkuch), 헬무트 루스카(Helmut Ruska)는 담배모자이크바이러스 결정에 증류수를 몇 방울 떨군 뒤, 이 새로운 장치에 넣었다. 이 결정은 아주 작은 막대 모양임이 드러났다. 각각은 길이가 약 300나노미터였다.

과학자들이 지금까지 본 생물 중에 그렇게 작은 것은 전혀 없었다. 바이러스가 얼마나 작은지 이해하기 쉽게, 소금 알갱이 하나를 식탁에 올려놔 보자. 아주 작은 정육면체 모양이다. 이 소금 결정의 한 변에는 피부세포 약 10개를 죽 늘어세울 수 있다. 세균은 약 100마리를 늘어세울 수 있다. 그런데 담배모자이크바이러스는 무려 1000개를 늘어세울 수 있다.

그 뒤로 수십 년이 흐르는 동안, 바이러스학자들은 바이러스를 해부하여 분자 배치까지 파악할 수 있게 되었다. 바이러스도 우리 세포처럼 핵산과 단백질을 지니지만, 이 분자들을 전혀 다른 방식으로 이용한다. 사람의 세포는 수백만 가지의 분자들로 가득하다. 이 분자들은 끊임없이 빠르게 움직이면서 쪼개지거나 결합하며, 세포는 분자들의 이런 활동을 토대로 주변 환경을 감지하고, 기어가고, 먹이를 흡수하고, 자라고, 둘로 분열할지 아니면 주변 세포를 위해 자살할지 여부를 결정하는 등 온갖 일을 한다. 바이러스학자들은 대체로 바이러스가 훨씬 단순하다는 것을 알았다. 바이러스는 대개 단백질 외피 안에 유전자 몇 개가 들어 있을 뿐이었다. 바이러스학자들은 바이러스가 이 겨우 몇 개의 유전자만으로도 다른 생명체를 탈취하여 스스로를 복제할 수 있다는 것을 알아냈다. 바이러스는 자신의 유전자와 단백질을 숙주세포에 집어넣은 뒤, 숙주세포를 조작하여 자신의 사본들을 새로 만들게 한다. 바이러스 한 개가 세포에 들어가면, 하루 사이에 수천 개가 쏟아져 나올 수도 있다.

1950년대까지 바이러스학자들은 이런 기본적인 사실들을 이해한 상태였다. 그러나 바이러스학은 거기에서 그치지 않았다. 무엇보다도 바이러스는 다양한 방식으로 우리에게 병을 일으키는데, 바이러스학자들은 그 과정을 거의 알지 못했다. 유두종바이러스가 어떻게 토끼에게 뿔을 자라게 할 수 있고, 해마다 수십만 명에게 자궁경부암을 일으킬 수 있는지를 알지 못했다. 왜 어떤 바이러스는 치명적이고 어떤 바이러스는 비교적 무해한지도 알지 못했다. 바이러스가 어떻게 숙주의 방어 기구를 피하고 지구의 다른 모든 생물보다 더 빨리 진화하는지도 알지 못했다. 1950년대에 그들은 침팬지를 비롯한 영장류에게 유행하는 한 바이러스가 수십 년 뒤 인간에게 전파되리라는 것을 알지 못했다. 훗날 HIV라고 불릴 그 바이러스는 역사상 가장 강력한 살인자 중 하나가 되었다. 게다가 2020년에 사스-코브-2(SARS-CoV-2, 코로나19)라는 새로운 바이러스가 지구 전체를 휩쓸면서, 세계 경제를 대공황 이후에 가장 최악의 위기로 내몬다는 것도 예측할 수 없었다.

또 1950년대에 과학자들은 바이러스가 질병뿐 아니라 다른 방면으로도 대단히 중요하다는 사실도 알지 못했다. 지구에 바이러스가 그들이 상상할 수 없었던 수준으로 많이 있다는 것도 알지 못했다. 생명의 유전자 다양성 중 상당 부분을 바이러스가 지니고 있다는 것도 상상조차 못 했다. 우리가 들이마시는 산소의 상당량이 바이러스의 도움을 받아 생산되고, 바이러스가 지구 기온 조절을 돕는다는 것도 알지 못했다. 그리고 먼 과거에 우리 조상에게 감염되었던 수천 가지 바이러스의 잔해가 우리 유전체의 일부를 이루고 있고, 우리가 생명이라고 하는 것이 40억 년 전에 바이러스에서 시작되었을 수도 있다는 점을 추측조차 하지 못했다.

　이제 과학자들은 이런 것들을 안다. 더 정확히 말하자면, 이런 것들을 일부나마 안다. 이제 그들은 수정동굴에서 우리 몸속에 이르기까지, 지구가 바이러스의 행성임을 안다. 아직은 엉성하게 이해하고 있을 따름이지만, 그래도 앞으로 나아갈 출발점 역할을 한다. 그러니 우리도 거기에서 시작하기로 하자.

오랜 동반자

별난 감기

리노바이러스는 어떻게 슬그머니 세계를 정복했을까

약 3500년 전, 이집트의 한 학자가 현재까지 알려진 가장 오래된 의학서를 썼다. 거기에는 레시(resh)라는 질병도 적혀 있었다. 병명은 낯설게 들리지만, 증상은 우리 모두에게 아주 친숙하다. 바로 기침과 콧물이다. 레시는 일반 감기였다.

오늘날 우리를 괴롭히는 바이러스 중에는 인류가 새롭게 접하는 것들도 있다. 모호하고 낯선 바이러스도 있다. 하지만 사람리노바이러스—일반 감기의 주된 원인—는 전 세계에 퍼져 있는 오랜 동반자다. 사람은 생애에 평균 1년 정도를 감기에 걸려 앓아누워서 지낸다고 추정된다. 다시 말해 사람리노바이러스는 가장 성공한 바이러스 중 하나다.

리노바이러스의 정체가 알려지기 전, 의사들은 감기의 원인을 설명하고자 갖은 애를 썼다. 고대 그리스 의사인 히포크라테스는 감기가 체액의 불균형으로 생긴다고 믿었다. 2000년이 흐른 뒤인 1900년대 초에도 감기에 대한 우리의 지식은 그다지 나아지지 않았다. 생리학자 레너드 힐(Leonard Hill)은 감기가 아침에 외출을 함으로써 걸린다고 주장했다.

1914년 독일 미생물학자 발터 크루제(Walter Kruse)는 훌쩍거리는 조수에게 코를 풀도록 함으로써 감기의 기원에 관한 첫 번째 확실한 단서를 얻었다. 크루제는 조수의 콧물을 식염수와 섞은 뒤 여과했다. 그 여과액을 동료 12명의 코에 서너 방울씩 떨구었다. 그중 4명이 감기에 걸렸다. 나중에 크루제는 학생 36명에게 같은 실험을 했다. 15명이 감기에 걸렸다. 크루제는 이 결과를 대조군인 코에 용액을 떨구지 않은 35명에게서 얻은 자료와 비교했다. 용액을 떨구지 않은 실험 대상자 중에는 1명만이 감기에 걸렸다. 크루제의 실험은 감기에 걸린 사람의 콧물에 그 병을 일으키는 어떤 미세한 병원체가 들어 있다는 것을 명확히 보여주었다.

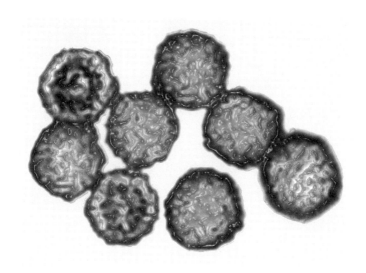

▌감기의 가장 흔한 원인인 리노바이러스.

처음에 여러 전문가들은 그것이 어떤 세균일 것이라고 믿었다. 그러나 1927년 알폰스 도체즈(Alphonse Dochez)는 그 가설을 제외했다. 그는 30년 전 베이에린크가 담배식물의 즙을 걸러냈던 것과 똑같은 방법으로 감기에 걸린 사람의 콧물을 걸러냈다. 세균을 걸러냈음에도, 그 액체는 여전히 사람들에게 감기를 옮길 수 있었다. 도체즈의 여과기를 통과할 수 있는 것은 바이러스뿐이었다.

정확히 어느 바이러스가 여과기를 통과했는지를 과학자들이 알아낸 것은 다시 30년이 흐른 뒤였다. 그중 가장 흔한 것은 사람리노바이러스다. 리노(rhino)는 코를 뜻한다. 리노바이러스는 놀라울 만치 단순하다. 우리 사람은 유전자가 약 2만 개인 반면, 리노바이러스는 10개에 불과하다. 하지만 이 몇 개 안 되는 유전 정보만으로도 리노바이러스는 우리 몸에 침입하여 면역계의 허를 찔러서 새로운 바이러스를 많이 만들어낼 수 있다. 그리고 이 새로운 바이러스들은 몸을 빠져나가서 다른 숙주를 찾을 수 있다.

리노바이러스는 비말(침방울)에 담겨서 새로운 숙주에게로 전달된다. 우리가 숨을 내쉴 때 배출되는 미세한 방울에 섞여 들어갈 수 있다. 또 재채기나 기침을 할 때 튀어 나가는 좀 더 큰 침방울에 섞여 들어갈 수도 있다. 무심코 콧물을 닦으면 이 방울은 우리 손에 묻을 수 있고, 그 손으로 문손잡이, 승강기 단추를 비롯하여 물건의 표면을 만질 때면 거기에 묻을 수 있다. 그리고 남들이 그런 물건을 손으로 만진 뒤에 자기 코를 만지면, 옮겨질 수 있다.

일단 코로 들어가면, 리노바이러스는 콧속 통로의 벽을 이루는 세포에 달라붙을 수 있다. 그렇게 세포 안으로 들어가면 숙주세포를 속여서 자신의 유전물질 사본과 그것을 담을 단백질 외피를 많이 만들게 한다. 그런 다음 숙주세포는 터지고 새 바이러스들은 방출된다. 리노바이러스는 어떤 숙주에게서는 코에만 머물지만, 다른 숙주에게서는 목과 심지어 허파로 들어가기도 한다.

리노바이러스는 비교적 적은 수의 세포를 감염시키므로 사실상 거의 해를 입히지 않는다. 그렇다면 리노바이러스는 어떻게 걸린 사람에게 그렇게 비참한 증상을 일으킬 수 있는 것일까?

우리는 자기 자신을 탓하는 수밖에 없다. 감염된 세포는 사이토카인(cytokine)이라는 특수한 신호 분자를 분비하며, 이 분자는 주변의 면역세포를 끌어들인다. 지독한 기분을 불러일으키는 것은 바로 그 면역세포들이다. 면역세포는 염증을 일으키며, 그 결과 목이 간질간질하는 느낌이 오고 감염 부위 주변에서 점액이 많이 분비된다. 감기가 나으려면 면역계가 바이러스를 다 제거해야 할 뿐 아니라, 면역계 자체가 안정을 찾을 때까지 기다려야 한다.

고대 이집트의 의사들은 코 주변에 꿀, 허브, 방향제의 혼합물을 가볍게 두드려 묻힘으로써 레시를 치료했다. 15세기 뒤로 마 학자 대(大)플리니우스는 대신에 생쥐를 코에 문지르라고 권했다. 17세기 유럽의 일부 의사들은 화약과 계란 섞은 것을 발랐고, 구운 쇠똥과 쇠기름 섞은 것을 치료제로 쓴 의사들도 있었다. 레너드 힐은 하루를 시작할 때 찬물 샤워를 하라고 권했다.

이런 치료법 중 효과가 있는 것은 전혀 없었고, 오늘날에도 일반 감기의 치료제라고 검증된 것은 없다. 1900년대 말에 일부 연구자들은 아연이 리노바이러스가 배양접시에서 기르는 세포에 감염되는 것을 막을 수 있다는 사실을 발견하고서 흥분했다. 머지않아 약국에서는 아연 알약을 처방전 없이 팔기 시작했다. 아연이 실제 사람에게 효과가 있는지 아직 밝혀지지 않은 상태였는데 말이다. 나중에 아연이 감기에 앓는 기간을 이틀 줄여줄 수 있다고 시사하는 소규모 임상 시험 결과가 나왔다. 그러나 하리 헤밀레(Harri Hemilä)라는 핀란드 과학자가 자원자 253명을 대상으로 세심하게 한 임상 시험에서는 아연이 아무런 도움도 안 된다고 드러났다. 사실 헤밀레는 2019년에 임상 시험에서 아연 알약을 섭취한 이들이 설탕 알약을 섭취한 이들보다 감기가 낫는 데 좀 더 오래 걸렸다고 발표했다.

흔히 쓰이는 감기 치료법 중에는 아무런 효과가 없는 차원을 넘어서 해를 끼칠 수 있는 것들도 있다. 부모는 감기에 걸린 아이에게 기침약을 먹이곤 하지만, 연구 결과들은 기침약을 먹는다고 해서 감기가 더 빨리 낫는 것은 아님을 보여준다. 사실 기침약은 경련, 심장 박동 증가, 심지어 사망 같은 희귀하지만 다양한 심각한 부작용을 일으킨다. 미국 식품의약청은 만 2세 이하의 아이들—감기에 가장 잘 걸리는 이들—에게는 기침약을 먹이지 말라고 경고한다.

감기에 항생제를 쓰는 것도 잘못된 일이다. 항생제는 세균을 죽이는 약물이며, 바이러스에는 아무 소용이 없다. 그럼에도 의사들은 암울할 만치 줄기차게 감기에 항생제를 처방하곤 한다. 물론 환자가 리노바이러스에 감염되었는지 세균에 감염되었는지가 불분명한 증상을 보일 때도 있다. 또 의사는 걱정하는 부모로부터 뭐라도 해달라는 압박을 받을 수도 있다. 하지만 그런 사례들에서 항생제는 그 환자에게만 피해를 입히는 것이 아니다. 우리 모두에게 해를 끼친다. 우리 몸에는 무수한 무해한 세균들이 살고 있으며, 항생제는 내성 균주의 진화를 부추길 수 있다. 그리고 그런 내성 세균의 유전자는 질병을 일으키는 미생물에게 전달될 수도 있다. 그러면 정작 우리 몸에 항생제가 필요할 때, 항생제가 듣지 않을 수도 있다.

감기가 여전히 그토록 치료하기가 어려운 한 가지 이유는 우리가 리노바이러스를 과소평가해왔기 때문일 수도 있다. 리노바이러스는 여러 형태로 존재하며, 과학자들은 그 바이러스의 진정한 유전적 다양성을 이제야 비로소 깨닫기 시작하고 있다. 세포가 감염되면 새로운 리노바이러스들을 만들어내는데, 바이러스의 유전자를 복제할 때 대개 오류가 일어나곤 한다. 그렇게 여러 세대를 거치면서 바이러스의 계통은 점점 변하게 된다. 20세기 말까지 과학자들은 수십 가지의 리노바이러스 균주를 파악했다. 그것들은 크게 HRV-A와 HRV-B라는 두 가지 계통에 속했다.

2006년 컬럼비아 대학교의 이언 리프킨(Ian Lipkin)과 토머스 브리스(Thomas Briese)는 독감 유사 증상을 보이는 몇몇 뉴욕 주민들이 HRV-A에도 HRV-B에도 속하지 않는 리노바이러스에 감염되어 있다는 것을 알아냈다. 즉 지금까지 알려지지 않았던 새로운 계통에 속한 리노바이러스였다. 리프킨과 브리스는 그것을 HRV-C라고 했다. 그 뒤로 연구자들은 이 세 번째 계통이 전 세계에 흔하다는 것을 알아냈다.

리노바이러스 균주를 더 많이 발견할수록 과학자들은 그들의 진화 역사를 더 잘 이해하게 된다. 리노바이러스의 유전자 중 일부는 우리 면역계가 대처하지 못할 만큼 아주 빠르게 진화하고 있다. 우리 몸이 바이러스에 맞서 싸울 때 쓰는 무기 중 하나는 항체다. 항체는 바이러스의 표면에 달라붙어서 온갖 방식으로 바이러스를 파괴할 수 있는 분자다. 그런데 항체가 더 이상 달라붙지 못할 만큼 리노바이러스의 표면이 돌연변이로 바뀔 수도 있다. 그럴 때 우리 면역계는 새로운 항체를 만들 수 있지만, 바이러스는 새로운 돌연변이를 통해서 다시금 달아날 수 있다.

이런 빠른 진화 덕분에 리노바이러스는 엄청나게 다양해져 왔다. 우리 각자는 해마다 몇 종류의 사람리노바이러스 균주에 감염된다고 예상할 수 있다. 그리고 이런 진화는 우리 면역계에 좌절을 안겨줄 뿐 아니라, 감기를 치료할 수 있는 항바이러스제를 만들고자 애쓰는 연구자들도 좌절시킨다. 어떤 항바이러스제가 한 리노바이러스 균주에는 아주 효과가 있다고 해도, 다른 균주들에는 효과가 없을 수도 있다. 그리고 새로운 돌연 변이로 어느 한 리노바이러스가 그 약물에 내성을 띠게 됨으로써, 다른 바이러스들이 다 죽어가는 가운데 폭발적으로 불어날 가능성도 얼마든지 있다.

일반 감기의 치료제가 아직 없긴 하지만, 절망하여 포기해서는 안 된다. 리노바이러스의 일부 부위는 빠르게 진화하지만, 거의 변하지 않는 부위도 있다. 리노바이러스의 그런 영역에서는 돌연변이가 치명적인 역할을 할 수도 있다. 과학자들이 리노바이러스의 그런 취약한 부위를 겨냥하여 약물을 만들 수 있다면, 지구의 모든 리노바이러스를 없앨 수 있을지도 모른다.

하지만 그래야 할까? 사실, 딱 부러지게 답하기가 쉽지 않다. 사람리노바이러스는 감기를 옮길 뿐 아니라 더 해로운 병원체가 침입할 환경을 조성함으로써 공중 보건에 심각한 부담을 준다. 하지만 사람리노바이러스 자체는 비교적 약하다. 대부분의 감기는 일주일 정도면 낫고, 리노바이러스 양성으로 판정된 사람 중 40퍼센트는 아무런 증상도 겪지 않는다. 사실 사람리노바이러스는 숙주인 사람에게 몇 가지 혜택을 제공할 수도 있다. 과학자들은 비교적 무해한 바이러스와 세균에 걸려서 앓는 아이들이 더 나이가 들어서 걸릴 수 있는 알레르기와 크론병 같은 면역 질환에 걸리지 않을 수도 있다는 증거를 아주 많이 모아왔다. 사람리노바이러스는 사소한 자극에 과잉 반응하지 않고 진정한 위협에만 맞서도록 우리 면역계를 훈련시키는 일을 도울지도 모른다. 아마도 우리는 감기를 오래된 적이 아니라 경륜 있는 현명한 교사로 봐야 하지 않을까.

별에서 내려다보다

인플루엔자의 끝없는 재발명

인플루엔자라. 눈을 감고 그 단어를 큰 소리로 말하면 멋지게 들린다. 이탈리아의 어느 목가적인 옛 마을의 이름으로 딱 맞을 듯하다. 사실 인플루엔자(Influenza, 독감 또는 유행성 감기)는 영향(influence)을 뜻하는 이탈리아어다. 또 중세까지 거슬러 올라가는 오래된 병명이기도 하다. 하지만 그 단어가 풍기는 매력은 거기까지다. 그 병에 그 이름이 붙은 것은 중세 의사들이 별

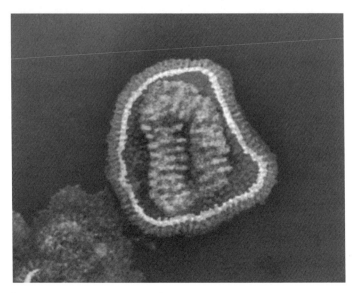

▌인플루엔자바이러스: 피막과 캡시드 안에 RNA가 들어 있다.

이 환자의 건강에 영향을 미친다고 믿은 데서 유래했다. 중세
의사들은 별이 수십 년마다 대발생할 수 있는 지독한 열병을
촉발할 수 있다고 믿었다.

독감은 여전히 세계를 유린하면서 피해를 계속 끼쳐왔다.
1918년에는 병원성이 유달리 강한 독감이 대발생하여 전 세계
를 휩쓸면서 약 5000만 명에서 1억 명을 살해한 것으로 추정된
다. 평범하게 지나가는 해에도 독감은 많은 목숨을 앗아간다.
세계 보건 기구(WHO)는 해마다 10억 명이 독감에 걸리며, 그
중 29만~65만 명이 사망한다고 추정한다.

현재 과학자들은 독감이 천체의 활동이 아니라 미세한 바이러스의 활동 산물임을 안다. 감기를 일으키는 리노바이러스처럼 인플루엔자바이러스도 아주 적은 유전 정보를 갖고서 그렇게 엄청난 피해를 입힌다. 유전자가 겨우 13개다. 인플루엔자바이러스는 독감 환자의 기침, 재채기, 콧물을 통해 방출되는 미세한 비말을 통해 퍼진다. 인플루엔자바이러스는 코나 목에 들어가면, 숨길의 내층 세포에 달라붙어서 그 안으로 들어갈 수 있다. 이 바이러스는 계속 세포를 파괴하면서 이 세포에서 저 세포로 퍼져 나간다. 마치 풀을 베는 잔디깎이처럼, 인플루엔자바이러스는 숨길의 점액과 세포를 잇달아 파괴하면서 나아간다.

대부분의 사람에게서는 이 파괴 행위가 며칠 동안만 지속되고 만다. 우리의 면역계 덕분이다. 면역계는 리노바이러스에 맞서는 항체를 만들어낼 수 있는 것처럼, 인플루엔자바이러스에 맞서는 항체도 만들어낼 수 있다. 그 바이러스의 독특한 단백질을 표적으로 삼아서다. 항체가 독감으로부터 우리를 보호하는 가장 흔한 방법 중 하나는 바이러스의 표면에 튀어나와 있는 단백질의 끝에 달라붙는 것이다. 원래 바이러스는 이 끝을 이용하여 세포에 달라붙고 침입한다. 항체는 이 끝을 덮어서 세포에 들어가지 못하게 막는다. 열쇠 끝에 껌을 붙여서 자물쇠에 끼워질 수 없게 만드는 것과 좀 비슷하다.

안타깝게도 한 종류의 인플루엔자바이러스에 효과가 있는 항체는 다른 종류의 인플루엔자바이러스에는 듣지 않을 수도 있다. 사람들 사이에 전파되는 독감은 130가지가 넘는 아형이 있으며, 독감이 유행하는 계절마다 그 바이러스 집단 중 소수가 주류를 차지한다. 이미 한 아형의 항체를 지니고 있다면, 앓지 않을 것이다. 다른 아형에 걸린다면, 새 항체가 만들어져서 막을 수 있을 때까지 잠시 앓고 끝날 수도 있다. 하지만 바이러스는 이 짧은 기간에 허파로 침입하여 더 큰 피해를 입힐 수도 있다. 대개 숨길의 맨 바깥층을 이루는 세포는 다양한 병원체를 막는 장벽 역할을 한다. 들어온 병원체가 점액에 갇히면 세포는 털로 붙든 뒤, 침입자가 있다고 재빨리 면역계에 알린다. 하지만 독감 잔디깎이가 이 보호층을 깎아내면, 병원체는 세포로 들어가서 위험한 허파 감염을 일으킬 수도 있고, 때로 치명적인 증상을 일으킬 수도 있다.

독감 백신은 그런 비극이 일어날 확률을 대폭 낮출 수 있다. 백신은 인플루엔자바이러스의 표면에 튀어나온 단백질의 일부로 만들며, 면역계가 그 단백질에 맞는 항체를 만들도록 자극한다. 그래서 진짜 바이러스가 침입할 때 대처할 수 있도록 한다. 안타깝게도 백신이 가장 강력하게 보호를 할 수 있으려면 해당 독감 아형에 들어맞아야 한다. 그런데 아형은 해마다 심하게 변동하므로, 매번 독감이 유행하는 계절이 올 때마다 새로 백신을 맞아서 방어 체계를 최신 상태로 유지해야 한다.

이 제멋대로 일어나는 변동 양상을 따라잡기 위해서, 과학자들은 전 세계 환자들에게서 바이러스를 채취하여 유전자 서열을 분석한다. 어떤 새로운 돌연변이가 일어나서 인플루엔자 단백질에 미미한 변화를 일으키는지 파악한다. 또 우리 숨길에서 일어나는 바이러스판 섹스 양상도 추적한다. 한 인플루엔자 바이러스가 비말에 실려서 새 숙주에 감염될 때, 이미 다른 바이러스가 들어가 있는 세포에 침입할 때도 있다. 이렇게 두 바이러스가 한 세포 안에서 증식을 할 때, 혼란스러운 상황이 벌어질 수 있다.

인플루엔자바이러스의 유전자들은 8개의 유전체 조각에 저장되어 있다. 숙주세포가 두 가지 바이러스의 유전체 조각들을 한꺼번에 복제하기 시작하면 때로 양쪽이 뒤섞이기도 한다. 이 새로운 자손은 재편성이라는 뒤섞기 과정을 통해서 양쪽 바이러스의 유전물질을 지니게 된다. 재편성이라는 이 혼합은 섹스의 바이러스판이다. 사람이 아이를 가질 때 부모의 유전자가 섞여서 새로운 조합을 지닌 두 벌의 DNA가 만들어진다. 마찬가지로 인플루엔자바이러스는 재편성을 통해 양쪽 바이러스의 유전자들을 섞어서 새로운 조합을 만들 수 있다. 이렇게 새로운 유전자 조합을 지닌 바이러스는 우리 면역계를 피함으로써 사람 사이에 더 빨리 퍼질 수 있다.

이렇게 돌연변이와 재편성을 통한 변동은 통상적으로 일어나다가, 수십 년마다 훨씬 심각한 양상으로 치닫곤 한다. 바로 팬데믹(pandemic), 즉 세계적 대유행이 일어난다. 새로운 인플루엔자 아형이 출현하여 전 세계를 휩쓸면서, 죽음의 물결을 일으킨다. 1918년 팬데믹은 20세기에 처음 일어난 것이었으며, 그 뒤로도 1957년(100만~200만 명이 사망했다), 1968년(70만 명 사망), 2009년(36만 3000명 사망)에도 일어났다.

이런 새로운 독감 아형은 별에서 오는 것이 아니었다. 조류에게서 왔다. 인플루엔자바이러스에 감염될 수 있는 조류는 100종이 넘는다. 조류는 알려진 모든 사람인플루엔자바이러스 균주를 다 지니고 있을 뿐 아니라, 사람에게 감염되지 않는(적어도 아직까지는) 아주 다양한 인플루엔자바이러스도 지니고 있다. 조류의 인플루엔자바이러스는 대개 숨길에 감염되는 것이 아니라 창자에 감염된다. 그곳에서 전혀 피해를 끼치지 않으면서 숨어 있을 수 있다. 이 바이러스는 조류 배설물에 섞여서 나오며, 건강한 새는 그 바이러스가 퍼져 있는 물을 먹음으로써 감염된다.

때로 조류독감은 사람에게 전파되곤 한다. 사람은 양계농장이나 가금류 시장에서 조류인플루엔자바이러스에 감염될 수 있다. 인플루엔자바이러스가 조류 창자의 세포로 들어갈 때 쓰는 수용체는 우리 숨길에 있는 것과 비슷한 모양이다. 조류인플루엔자바이러스는 때로 그 수용체에 달라붙어서 사람의 세포 안으로 들어갈 수 있다.

그러나 이 침입은 대개 실패로 끝난다. 조류인플루엔자바이러스가 번성하는 데 필요한 유전자는 인체에서 증식하는 데 필요한 유전자와 다르다. 인체는 조류보다 체온이 더 낮으며, 따라서 분자가 효율적으로 작용하려면 모양도 달라져야 한다는 뜻이다. 그 결과 조류인플루엔자바이러스는 우리 몸에서 증식하는 속도가 느려서, 면역계에 잡히기 쉽다. 게다가 그들은 조류의 창자와 물에 적응해 있어서, 비말을 통해 사람 사이로 전파되는 데 적합하지 않다. 이렇게 들어맞지 않기에 조류독감은 사람 사이에 전파되는 일이 드물다. 한 예로, 2005년부터 H5N1라는 조류인플루엔자바이러스 균주가 동남아시아에서 유행하면서 수백 명이 앓기 시작했다. 걸린 사람에게는 아주 위험한 균주였지만, 사람 사이에 전파되는 일은 없었다.

그러나 조류인플루엔자바이러스가 우리 몸에 적응하는 일이 이따금 일어나곤 한다. 돌연변이가 일어나서 우리 세포에서 더 빨리 증식할 수도 있다. 재편성을 통해 아예 유전자 전체를 습득하여 조류-사람 잡종 바이러스가 될 수도 있다. 이런 조합을 통해 생성되는 새로운 균주는 사람 사이에 쉽게 전파될 수 있다. 이 균주는 앞서 사람 사이에 유행한 적이 없었으므로, 아무도 대비되어 있지 않기에 전파를 늦출 수가 없다.

각 독감 팬데믹의 기원은 여전히 불분명하지만, 가장 최근인 2009년의 사례는 그중에서도 비교적 잘 이해가 되어 있다. 그 팬데믹의 역사는 1918년의 팬데믹까지 거슬러 올라간다. 당시 출현한 아형인 H1N1은 사람으로부터 돼지에게로도 전파되었고, 사람에게서 유행이 끝난 뒤에도 오랫동안 돼지에게서는 계속 유행했다. 돼지가 국제 무역을 통해 다른 나라로 옮겨질 때 H1N1 아형도 새로운 돼지 떼에게로 전파되곤 했고, 그러면서 돌연변이가 계속 쌓여갔다.

1990년대에 유럽과 북아메리카 양쪽에서 멕시코로 돼지가 수입되었다. 양쪽 집단은 나름의 H1N1 균주를 지니고 있었다. 이 두 인플루엔자바이러스는 멕시코에서 돼지의 몸속에서 재편성되면서 유전자를 뒤섞었다. 그렇게 재편성된 H1N1 바이러스는 나중에 H3N2 아형과도 유전자를 뒤섞었다. 후자는 조류에게서 기원했을 것이다. 이 3중 잡종 균주는 여러 해 동안 멕시코 돼지들에게서 유행했다. 과학자들은 이 균주가 2008년 가을에 마침내 인간에게 전파되었다고 추정한다. 그 뒤로 몇 개월 동안 조용히 사람들 사이에 전파되다가, 이듬해 봄에 마침내 모습을 드러냈다.

공중 보건 당국은 새로운 독감이 출현하자 몹시 우려했고, 이 독감에는 사람/돼지 2009 H1N1이라는 이름이 붙었다. 이 독감이 어떻게 행동할지 미리 예측하기란 불가능했다. 1918년 독감만큼 심각할까? 사망자 수가 그 당시의 일부 수준에 불과하다고 할지라도, 대재앙이 될 터였다. 그래서 공중 보건 기관들은 감염을 막기 위해 세계적인 운동을 펼쳤다.

불행히도 그 바이러스는 감염성이 매우 강하다는 것이 드러났다. 그리고 마찬가지로 불행하게도, 2009 H1N1을 막을 새 백신이 나오기까지 몇 달이 걸렸고, 나온 백신의 예방 효과도 그리 좋지 않았다. 그래서 2009 H1N1은 전 세계로 퍼져 나갔고, 세계 인구의 10~20퍼센트가 감염되었다. 그런데 놀랍게도 이 바이러스는 비교적 약한 증상을 일으킨다는 것이 드러났다. 과학자들은 크게 안도했다. 36만 3000명이라는 사망자 수가 적은 것은 아니지만, 훨씬 더 많은 이들이 사망할 수도 있었다는 점을 염두에 두어야 한다.

이 글을 쓰고 있는 2021년 현재 새로운 독감 팬데믹은 발생하지 않은 상태다. 인플루엔자바이러스는 전 세계의 칠면조 농장, 해안, 이주 기착지에서 새 수십억 마리의 몸속에서 뒤섞이면서 진화하고 있다. 그러다가 언젠가는 크게 유행할 수 있는 새로운 조합이 이루어질 것이다. 그 새로운 균주가 2009년의 것처럼 약할지, 아니면 1918년의 것처럼 재앙을 일으킬지 과학자들은 예측할 수 없다. 그러나 우리는 우리 앞에 어떤 진화가 펼쳐질지 보겠다고 마냥 손을 놓고 있지는 않다. 우리 모두 손을 씻는 등 독감의 전파를 늦추기 위해서 나름 할 수 있는 일

들이 있다. 그리고 과학자들은 앞으로 다가올 인플루엔자 유행
철에 어느 균주가 가장 위험할지 더 잘 예측하고자 인플루엔자
바이러스의 진화를 추적함으로써 더 효과적인 백신을 개발할
방법을 알아내고 있다. 우리는 아직까지 인플루엔자를 이기지
못할지라도, 적어도 더 이상 별을 쳐다보면서 무사하기를 기원
하지는 않는다.

뿔 난 토끼

사람유두종바이러스와 감염성 암

뿔 난 토끼 이야기는 수세기 전부터 있었다. 그 이야기들은 이
윽고 재컬로프 전설(jackalope, 북아메리카에 전해지는 뿔 달린 토끼
전설_옮긴이)이 되었다. 와이오밍주에서 엽서 판매대를 훑으면,
초원을 가로질러 뛰어가는 재컬로프 그림을 찾을 수 있을 것이
다. 마치 영양의 뿔 같은 것이 머리에 솟아난 토끼처럼 보인다.
식당에 가면 재컬로프 고기도 볼 수 있을지 모른다. 적어도 식당 벽에 걸린 재컬로프 머리 박제는 볼 수 있을 것이다.

물론 어느 면에서 보면 다 허풍이다. 엽서에 찍힌 재컬로프 사진과 벽에 걸린 재컬로프 머리는 대부분 박제사들이 솜씨를 발휘하여 만들어낸 것이다. 토끼 머리에 영양의 뿔 일부를 붙인 것이다. 하지만 많은 전설이 그렇듯이, 재컬로프 이야기에도 핵심을 들여다보면 일말의 진실이 담겨 있다. 토끼 중에는 정말로 머리에 뿔 모양의 돌기가 자라는 개체가 있다.

1930년대 초에 록펠러 대학교의 과학자 리처드 쇼프(Richard Shope)는 사냥에 나섰다가 뿔 달린 토끼가 있다는 소문을 들었다. 뉴욕으로 돌아온 뒤, 그는 친구에게 그 기이한 동물을 잡으면 뿔을 떼어내 보내달라고 부탁했다. 연구실에서 자세히 조사하고 싶었기 때문이다. 그는 그 뿔이 사실은 종양일 것이라고 추측했다.

쇼프가 그런 추측을 하게 된 것은 록펠러 대학교의 동료인 프랜시스 라우스(Francis Rous) 때문이었다. 라우스는 20여 년 전인 1909년에 롱아일랜드의 한 양계장을 방문한 적이 있었다. 농민은 플리머스록 품종의 암탉을 한 마리 갖고 와서 그에게 보여주면서, 가슴에 이상한 것이 자라고 있어서 걱정스럽다고 했다. 농민은 혹시나 감염병이라면 양계장 전체로 퍼지지 않을까 우려했다.

라우스는 자라난 조직을 짓이겨 갈아서 물을 섞은 뒤, 촘촘한 여과기로 걸렀다. 그는 이전의 베이에린크처럼 전염성을 띤 살아 있는 액체를 얻었다. 그는 그 액체로 다른 닭들을 감염시켜서 똑같은 돌기를 자라게 할 수 있었다. 그런데 그는 이 돌기를 현미경으로 들여다보았을 때, 깜짝 놀랐다. 그 돌기가 종양이었던 것이다. 라우스는 자신이 암을 일으키는 바이러스를 발견했다는 것을 알았다. 하지만 라우스가 연구 결과를 발표하자, 대다수의 과학자는 회의적인 반응을 보였다. 바이러스와 암에 관해 자신들이 알고 있는 모든 지식에 반하는 개념이었기 때문이다. 회의론에 직면한 라우스는 다른 동물들에게서도 암을 일으키는 바이러스를 찾으려고 노력했지만, 전혀 찾아내지 못했다.

쇼프는 재컬로프 소문을 들었을 때, 재컬로프가 라우스가 찾고 있던 바로 그 동물이 아닐까 생각했다. 재컬로프 뿔이 뉴욕에 도착하자, 쇼프는 라우스의 실험을 따라 했다. 그는 뿔을 곱게 갈아서 용액에 섞은 뒤, 자기로 걸러냈다. 자기의 미세한 구멍은 바이러스만 통과할 수 있었다. 쇼프는 그렇게 여과한 용액을 건강한 토끼의 머리에 문질렀다. 그러자 토끼에게서 뿔이 자라났다. 쇼프의 실험은 뿔에 바이러스가 들어 있다는 사실만 밝혀낸 것이 아니었다. 감염된 세포에서 뿔을 자라나게 함으로써, 바이러스가 뿔을 만든다는 것도 증명했다.

이 발견을 한 뒤에 쇼프는 토끼 조직을 라우스에게 보냈다. 라우스는 수십 년 동안 그 조직을 연구했다. 토끼는 신체 접촉을 통해 그 바이러스를 서로에게 옮기는 듯했다. 종양이 피부에서 자라는 이유를 그것으로 설명할 수 있었다. 라우스는 바이러스가 다른 신체 부위에는 어떤 효과를 일으킬지 궁금해졌다. 그는 바이러스가 든 액체를 토끼의 몸 깊숙이 주사해보았다. 그러자 바이러스는 무해한 뿔을 자라게 하는 대신에, 공격적인 암을 자라게 함으로써 토끼를 죽였다. 라우스는 바이러스와 암이 관계가 있음을 보여준 연구로 1966년 노벨 의학상을 받았다.

쇼프와 라우스의 발견에 힘입어 과학자들은 다른 동물들에게 자라는 증식물도 살펴보기 시작했다. 암소에게서는 때로 그레이프프루트처럼 커다란 기형의 피부 덩어리가 자라곤 한다. 돌고래부터, 호랑이와 사람에 이르기까지 여러 포유동물의 피부에서는 사마귀가 난다. 그리고 드물게 사마귀는 사람을 인간 재컬로프로 변신시킬 수 있다.

1980년대 초에 데데 코스와라(Dede Koswara)라는 인도네시아인 소년의 무릎에 사마귀가 자라기 시작했다. 사마귀는 금세 다른 부위로도 퍼졌다. 머지않아 손과 발에서 크게 자라면서 커다란 발톱처럼 되었다. 결국 그는 다니던 직장을 그만두고 곡마단에 들어갔고 '나무 인간'이라는 별명을 얻었다. 코스와라는 뉴스에 나오기 시작했고, 2007년 의사들은 그의 몸에서 무려 6킬로그램에 달하는 사마귀를 떼어냈다. 하지만 그 뒤로

도 사마귀는 계속 자라났기에, 코스와라는 이따금씩 수술로 제
거해야 했다. 2016년 45세의 나이로 사망할 때까지 그랬다.

사람과 다른 포유동물들에게 자라는 다른 모든 증식물과
마찬가지로, 코스와라의 사마귀는 하나의 바이러스로 생기는
것임이 밝혀졌다. 토끼에게 뿔을 자라게 하는 것과 같은 종류
의 바이러스였다. 바로 유두종바이러스(papillomavirus)다. 감염
된 세포에서 젖꼭지 모양의 돌기(papilla, 유두를 뜻하는 라틴어에서
유래)가 나기 때문에 그런 이름이 붙었다.

처음에 사람유두종바이러스(human papillomavirus, 줄여서
HPV)는 공중 보건에 별문제를 일으키지 않는 것처럼 보였다.

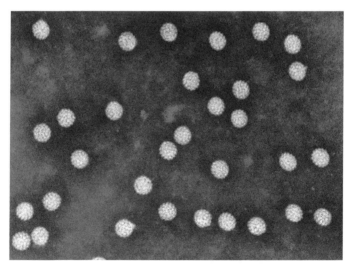

▌액체에 떠 있는 사람유두종바이러스.

코스와라 같은 사례는 아주 드물었고, 사마귀는 흔하긴 하지만 대체로 무해했다.

그러나 1970년대에 독일의 연구자 하랄트 추어하우젠(Harald zur Hausen)은 유두종바이러스가 이따금 사마귀를 돋게 하는 것보다 훨씬 더 큰 위협을 끼칠 수도 있다고 추정했다. 그는 그것이 해마다 30만 명 이상의 목숨을 앗아가는 자궁경부암의 원인이라고 추측하기에 이르렀다.

자궁경부암에 걸린 여성에게서 종양은 자궁과 질의 연결 부위에 있는 조직인 자궁경부에서 자란다. 종양은 점점 크게 자라면서 주변 조직을 손상시킬 수 있으며, 심지어 창자를 찢어서 치명적인 출혈을 일으키기도 한다. 연구자들이 자궁경부암에 걸린 여성들을 조사했더니, 몇 가지 기이한 양상이 눈에 띄었다. 이 종양은 성관계를 통해 전파되는 듯이 보였다. 한 예로, 수녀는 다른 여성들보다 자궁경부암에 훨씬 덜 걸렸다. 이미 일부 과학자들은 섹스 때 옮겨지는 바이러스가 자궁경부암의 원인이라는 추측을 내놓은 바 있었다. 추어하우젠은 암을 일으키는 유두종바이러스가 바로 그 범인이 아닐까 생각했다.

추어하우젠은 만일 그렇다면 자궁경부 종양에 바이러스 DNA가 들어 있어야 한다고 추론했다. 그는 생체 검사 표본을 수집하여 DNA를 분석했다. 1970년대의 원시적인 과학 도구를 써서 여러 해 동안 연구를 계속했다. 마침내 1983년 그는 일부 표본에서 유두종바이러스의 DNA를 찾아냈다. 이 업적으로 추어하우젠은 2008년 노벨 의학상을 공동 수상했다.

추어하우젠의 발견 이후에 과학자들은 사람유두종바이러스와 그것이 우리 세포를 탈취하는 놀라운 방식을 연구했다. HPV는 우리 몸의 상피라는 조직층을 감염하는 쪽으로 분화해 있다. 상피세포는 우리의 피부, 목, 온몸에 있는 모든 막의 표면을 감싸고 있다. 이 세포들은 층층이 쌓여 있으며, 가장 오래된 층이 맨 바깥에 있고, 가장 안쪽에서 새 층이 만들어진다. 맨 바깥쪽의 상피층은 계속 죽어서 떨어져 나가며, 그 안쪽의 세포들이 대체한다.

우리 몸에 자리를 잡기 위해서, HPV는 상피의 갈라진 틈새를 뚫고서 가장 깊이 있는 가장 젊은 세포층까지 들어간다. 리노바이러스나 인플루엔자바이러스와 달리, 이 바이러스는 새 세포에 들어갔을 때 곧바로 세포를 죽이지 않는다. 대신에 HPV는 전혀 다른 전략을 써서 증식한다. 새 숙주를 살려놓을 뿐 아니라, 더 빨리 증식하도록 돕는다.

세포의 분열을 촉진한다는 것은 결코 사소한 업적이 아니다. 유전자가 8개에 불과한 바이러스로서는 더욱 그렇다. 경이로울 만치 복잡한 연쇄적인 생화학 반응들을 장악해야 한다. 세포는 안팎의 신호에 반응하여 분열하기로 '결정'하면, 분자들을 대규모로 이동시킴으로써 내용물을 재편할 준비를 한다.

미세섬유로 이루어진 세포의 내부 뼈대가 재조립되면서 세포의 내용물들은 나뉘어서 양쪽 끝으로 끌려간다. 그런 한편으로 세포는 DNA를 복제하여 새 사본을 만든다. 사람의 DNA는 총 30억 개가 넘는 '문자'가 46개의 염색체에 나뉘어 들어 있다. 세포는 쌍쌍이 짝을 지어 있는 이 염색체들을 반씩 나누어 양쪽 끝으로 끌고 간 다음, 세포 한가운데 벽을 만들어야 한다. 이런 활동들이 부산하게 이루어지는 동안 감독하는 분자들이 진행 과정을 감시한다. 이런 단백질은 세포가 너무 빨리 성장한다는 것을 감지하면―아마 결함 있는 유전자 때문일 것이다―세포가 자살하도록 촉발할 수 있다. 그렇게 함으로써 하루에 무수히 생겨날 수 있는 암을 막는다. 상피세포가 분열하는 속도는 표면으로 올라오는 속도에 따라서도 달라진다. 속도를 늦추고, 케라틴이라는 질긴 단백질을 만드는 쪽으로 자원을 돌리기도 한다. 이윽고 맨 바깥의 세포는 죽어서 더 섬세한 아래쪽 상피세포를 덮어 보호하는 방패가 된다.

HPV는 숙주세포를 심하게 변형시킨다. 적절한 속도로 성장을 유지시키는 제동 장치를 못 쓰게 만든다. 암을 감시하는 일을 하는 세포의 단백질들을 제거함으로써, 바이러스는 세포가 뭔가 일이 잘못되고 있음을 알아차리지 못하게 만든다. 감염된 세포는 죽는 대신에 계속 증식함으로써, 바이러스가 든 조직 덩어리를 만든다. 그리고 이 세포들은 표면으로 올라올

때쯤, 갑작스럽게 새로운 유두종바이러스를 대량으로 만들어낸다. 표면에 다다르면, 세포는 찢겨 나가면서 HPV를 쏟아낸다.

HPV에게는 이 전략이 대단히 효과가 좋다. 아기는 대부분 태어난 지 며칠 사이에 이 바이러스에 감염된다. 사람의 몸에서 죽은 피부가 떨어져 나갈 때, 이 바이러스는 먼지에 붙어서 떠다니다가 새 숙주에 달라붙는다. 또 섹스를 통해서도 쉽게 옮겨지며, 성관계가 활발한 성인의 80퍼센트 이상은 적어도 한 번 이상 이 경로를 통해서 HPV에 감염된다. 감염된 세포는 대개 문제를 일으키기 전에 표면으로 올라와서 죽는다.

우리 면역계도 이 바이러스를 억제하는 데 기여한다. 세포는 감염되면, 바이러스 단백질 조각을 표면으로 밀어내어, 일종의 경보를 보낸다. 지나가던 면역세포는 이 경보를 알아차리고서 감염된 세포에 자살하라고 명령을 내린다. 품고 있는 바이러스와 함께 죽으라고 말이다. 그 결과 사람들의 대다수는 HPV에 감염되어도 아무런 해를 입지 않는다. 코스와라의 비참한 사례는 면역계가 HPV를 억제하지 못할 때 어떤 일이 일어나는지를 잘 보여준다. 사마귀표피형성이상(epidermodysplasia verruciformis)이라는 희귀한 유전 장애는 상피세포와 순찰하는 면역세포 사이의 의사 소통망을 무력화한다. 그 결과 감염된 세포는 죽는 속도보다 훨씬 더 빨리 증식함으로써 나무처럼 자라는 증식물을 만든다.

훨씬 흔한 불균형은 HPV가 어떻게든 오랜 시간 상피에 자리를 잡는 데 성공할 때 나타난다. 그러면 몇 달 뒤에 피부에서 벗겨져 나가는 대신에, 공격적으로 불어나는 감염된 세포들의 덩어리를 형성한다. 그 덩어리는 종양이 된다. 자궁경부는 HPV가 가장 흔하게 암을 일으키는 조직이지만, 그곳에서만 암을 일으키는 것이 아니다. 질, 음경, 목 안쪽에서도 종양을 만들 수 있다.

그러나 대부분의 숙주에서 유두종바이러스는 평화롭게 균형을 이루고 있다. 무려 4억 년 넘게 그렇게 지내왔다. 과학자들은 다른 동물들을 감염하는 유두종바이러스를 수백 종 발견했다. 포유류뿐 아니라 조류, 파충류, 심지어 어류도 유두종바이러스에 감염된다. 유두종바이러스 가계도의 각 계통 사이에는 엄청난 양의 유전적 차이가 쌓여 있다. 이 모든 증거들은 우리 조상들이 물속에 살던 시절부터 이미 이 바이러스에 감염되어 있었음을 시사한다. 그들이 다양한 동물 종으로 분화할 때, 유두종바이러스도 숙주의 진화에 맞추어 적응해나갔다.

생명의 나무의 우리 영장류 계통에서도 바이러스와 숙주의 진화가 나란히 이루어진 양상을 볼 수 있다. 약 4000만 년 전, 중앙아메리카와 남아메리카에 사는 원숭이 조상이 아프리카, 유럽, 아시아에 사는 원숭이와 유인원의 조상과 갈라졌다. 현생 영장류에게 감염되는 유두종바이러스들도 동일한 분기 양상을 보여준다. 예를 들어, 우리의 유두종바이러스는 아마존의 고함원숭이보다 케냐의 개코원숭이에게 감염되는 유두종바이러스와 유연관계가 더 가깝다.

약 700만 년 전, 우리 조상 계통은 침팬지를 비롯한 다른 유인원 계통과 갈라졌다. 우리 조상들은 아프리카의 많은 지역을 두 발로 걸어서 돌아다니는 도구 사용자가 되었다. 약 50만 년 전 우리 계통은 둘로 갈라졌다. 한쪽 계통은 아프리카를 떠나서 네안데르탈인 및 그와 비슷한 인류 집단인 데니소바인으로 진화했다. 아프리카에 남은 계통에서는 약 30만 년 전에 우리 종이 출현했다. 훨씬 뒤인 약 6만 년 전에야, 우리 조상 계통은 아프리카 밖으로 퍼져 나가서 아시아, 호주, 유럽으로 들어갔다. 그런 곳들에서 현생 인류는 수천 년 동안 네안데르탈인, 데니소바인과 공존했다. 약 4만 년 전 그들이 사라질 때까지 그랬다. 우리 DNA에는 그 공존의 기록이 담겨 있다. 우리 유전물질에는 네안데르탈인과 데니소바인의 화석에서 찾아낸 DNA와 일치하는 것이 일부 있다.

네안데르탈인과 데니소바인이 멸종하기 전에 현생 인류가 그들과 교배를 했다고 보는 편이 이 일치를 가장 잘 설명할 수 있다. 또 이 설명을 택할 때 우리 유두종바이러스의 유전자에서 나타나는 수수께끼 같은 양상도 어느 정도 이해할 수 있다. 이 바이러스 균주 중에는 현재 아프리카인에게는 드물고 아프리카 바깥의 사람들에게는 흔한 것들이 있다. 그런데 이 비(非) 아프리카 바이러스 균주들은 인류가 아프리카 바깥으로 진출하기 오래전부터 있었던 고대 계통들에서 유래했음을 시사하는 독특한 돌연변이들을 지니고 있다. 아마 현생 인류가 네안데르탈인 및 데니소바인과 섹스를 함으로써 그들의 사람유두종바이러스에 감염되었고, 그 균주들이 수만 년 동안 대대로 전해진 듯하다.

그러나 HPV 진화의 가장 중요한 특징은 아직 수수께끼로 남아 있다. 어떻게 사람에게서 치명적인 암을 일으킬 능력을 획득했느냐다. 유두종바이러스에 걸린 토끼에게 뿔이 자란다는 것은 놀라울 수 있지만, 뿔은 온건한 편이다. 이 바이러스는 우리 종을 제외한 다른 종에게서는 공격적인 종양을 만드는 일이 거의 없다. 게다가 이 암은 대부분 알려진 HPV 균주 중에서 단 몇 종류가 만든다. 그들이 왜 상피세포를 암이 되도록 내모는지는 아직 해결되지 않은 수수께끼다.

아직 이해하지 못한 부분이 많긴 하지만, 그래도 우리의 HPV 지식은 예전에는 상상도 할 수 없었던 일을 할 수 있을 만큼은 된다. 바로 한 종류의 암을 백신으로 박멸할 수 있게 된 것이다. 암 예방을 이야기할 때, 우리는 금연을 하거나 돌연변이를 일으키는 화학물질을 피하라는 등의 조언을 더 흔히 듣는다. 그러나 과학자들은 HPV가 암을 일으킬 수 있다는 사실을 밝혀내자마자, 그 암을 막을 수도 있다는 사실을 깨달았다. 1990년대에 연구자들은 HPV의 외피를 이루는 단백질을 표적으로 백신을 개발하기 시작했다. 일단 백신 접종을 받으면, HPV가 상피세포를 암으로 내몰기 시작하기 전에 그 바이러스를 공격하는 강력한 면역 반응을 일으킬 수 있다. 임상 시험은 백신이 이 바이러스 중에서 주로 암을 일으키는 두 균주를 완벽하게 막을 수 있다는 것을 보여주었다. 그리하여 2006년에 HPV 백신은 사용 승인을 받았다.

2007년 호주가 가장 먼저 국민 접종 사업에 나섰고, 곧 12~13세 청소년의 70퍼센트가 백신 접종을 받았다. 3년이 지나기도 전에, 호주에서 18세 미만 소녀들의 자궁경부 전암 종양의 발병률은 38퍼센트가 줄어들었다. 2019년 연구에 따르면, 스코틀랜드에서는 백신 접종으로 심각한 종양 발생이 89퍼센트 줄어들었다고 한다. 적극적으로 국민 접종 사업을 실시한 국가들에서 HPV 백신이 너무나 효과가 좋다는 것이 입증되었으며, 사실상 그런 나라들에서는 머지않아 그 암이 박멸될 수도 있을 것이다. 불행히도 다른 많은 나라들—심지어 지구에서 가장 부유한 나라인 미국도 포함하여—은 훨씬 미적거리고 있다. 수많은 여성들이 충분히 막을 수 있었을 바이러스가 일으키는 암에 걸리고 있다.

앞으로 다른 유형의 암들도 백신을 써서 막을 수 있을지도 모른다. 연구자들은 HPV만이 암을 일으키는 능력을 지닌 것이 아님을 밝혀냈다. 간에 감염되는 간염바이러스는 간암을 일으킬 수 있고, 엡스타인바바이러스(Epstein-Barr virus)는 식도와 위장에 종양을 만들 수 있다. 과학자들은 모든 암 환자 중 11퍼센트는 바이러스로 암에 걸린 것이라고 추정한다. 그런 암은 모두 백신을 통해 예방할 수 있다.

그러나 모든 10대 청소년에게 백신 접종을 한다고 해도, 자궁경부암이 완전히 사라지지는 않을 수도 있다. 어쨌든 간에 HPV 백신은 가장 많은 종양을 일으키는 두 균주만을 표적으로 삼는다. 과학자들은 암을 일으키는 HPV 균주를 13종류 더 파악했으며, 아직 발견되지 않은 것들이 더 있을 가능성이 높다. 백신으로 가장 성공한 두 균주가 박멸된다면, 자연선택을 통해서 다른 균주들이 그 자리를 대신 차지하는 방향으로 진화할 수도 있다. 토끼를 잭컬로프로 만들고, 사람을 나무로 만들 수 있는 바이러스의 진화적 창의성을 결코 과소평가하지 말자.

어디든, 모든 것에

우리 적의 적

항바이러스제로서의 박테리오파지

20세기가 시작될 무렵, 과학자들은 바이러스에 관해 몇 가지 중요한 사항을 알아낸 상태였다. 그들은 바이러스가 상상하기 어려울 만치 작은 감염원임을 알았다. 담배모자이크병이나 광견병 같은 몇몇 질병이 특정한 바이러스로 생긴다는 것도 알았다. 하지만 바이러스학이라는 젊은 과학은 아직 지엽적인 수준에 머물러 있었다. 주로 사람들이 가장 걱정하는 바이러스들에

초점을 맞추고 있었다. 사람을 병들게 하거나 우리가 식량을 얻기 위해 기르는 작물이나 가축을 위협하는 것들이었다. 바이러스학자들은 우리의 경험 범위라는 자그마한 테두리 너머를 내다보는 일이 거의 없었다. 그러나 제1차 세계대전 때, 두 의사는 우리가 더욱 드넓은 바이러스의 세계에 살고 있음을 언뜻 엿보았다.

1915년 프레더릭 트워트는 아주 우연히 이 우주를 발견했다. 당시 그는 천연두 백신을 만드는 더 쉬운 방법을 찾고 있었다. 1900년대 초에 그 병의 표준 백신에는 천연두보다 더 약한 형태의 친척인 우두가 들어 있었다. 우두를 접종하면, 면역계는 우두만이 아니라 천연두까지 없앨 수 있는 항체를 만들었다. 트워트는 우두를 배양접시에서 키우는 세포에 감염시키면, 백신을 대량 생산할 수 있지 않을까 생각했다.

그의 실험은 실패로 끝났다. 배양접시가 세균에 오염되면서 세포들이 다 죽었기 때문이다. 그러나 트워트는 절망한 가운데에서도 뭔가 특이한 일이 일어났다는 사실을 알아차렸다. 세균이 배양접시 전체를 카펫처럼 뒤덮고 있었는데, 군데군데 투명한 반점들이 보였다. 현미경으로 들여다보자, 그곳에는 죽은 미생물이 가득했다. 그는 그 투명한 반점에 있는 것을 몇 방울 채취하여 살아 있는 세균 군체에 떨구었다. 몇 시간이 지나기도 전에 새로 투명한 반점들이 형성되었고, 마찬가지로 죽은 세균으로 차 있었다. 그러나 트워트가 그 액체를 다른 세균 종에게 떨구었을 때에는 반점이 전혀 형성되지 않았다.

트워트는 보고 있는 것을 설명할 방법을 세 가지 떠올릴 수 있었다. 세균의 한살이에 나타나는 어떤 별난 특징일 수도 있었다. 또는 세균이 치명적인 효소를 생산함으로써 자살하는 것일 수도 있었다. 세 번째 가능성은 가장 믿기 어려운 것이었다. 자신이 세균을 죽이는 바이러스를 발견한 것일 수도 있었다.

트워트는 연구 결과를 발표하면서 세 가지 가능성을 다 적었다. 그런 뒤 그 문제에서 손을 뗐다. 2년 뒤 캐나다 태생의 의사 펠릭스 데렐(Felix d'Herelle)은 독자적으로 동일한 발견을 했다. 게다가 그는 자신이 실제로 무엇을 발견한 것인지를 알아차렸다.

1917년 군의관으로 복무하고 있던 데렐은 이질로 죽어가는 프랑스 병사들을 구하려고 애쓰고 있었다. 이질은 생명을 위협할 만치 설사를 일으키며, 이질균이라는 세균이 일으킨다. 지금은 항생제를 써서 이질을 비롯한 세균 질환들을 치료할 수 있지만, 이런 약물들은 제1차 세계대전으로부터 수십 년이 지난 뒤에야 나왔다. 데렐은 환자를 도울 방법이 거의 없다는 사실에 좌절했다. 그는 적을 더 잘 이해하고자, 환자의 설사물을 검사했다.

그는 이질균을 비롯한 세균들을 채취하기 위해서 군인들

의 대변을 촘촘한 여과기로 걸렀다. 바이러스와 분자만이 여과기를 통과할 수 있었다. 세균이 없는 이 맑은 액체를 얻자, 그는 그것을 이질균과 섞어서 배양접시에 발랐다. 이질균은 자라기 시작했지만, 몇 시간 뒤 데렐은 세균 군체에서 투명한 반점이 형성되기 시작하는 것을 보았다.

데렐은 이 반점의 시료를 채취하여 다시 이질균과 섞었다. 배양접시에 투명한 반점이 계속 나타났다. 데렐은 이 반점이 바이러스가 이질균을 죽임으로써 투명한 세균 시신이 남은 축소판 전쟁터라고 결론지었다.

이 개념은 당시에는 너무나 급진적이었다. 바이러스학자들은 동물과 식물에 감염되는 바이러스만 알고 있었기 때문이다. 데렐은 자신의 바이러스가 별도의 이름을 지닐 만하다고 판단했다. 그는 그 바이러스에 박테리오파지(bacteriophage)라는 이름을 붙였다. '세균을 먹는 자'라는 뜻이었다. 오늘날에는 줄여서 파지라고도 한다.

노벨상을 받은 면역학자 쥘 보르데(Jules Bordet)는 데렐의 논문을 읽은 뒤 박테리오파지를 더 찾아보기로 했다. 전쟁이 끝난 뒤였기에 보르데는 병든 군인의 이질균을 쓰지 않았다. 대신에 연구자들이 즐겨 쓰는 무해한 세균인 대장균을 택했다. 데렐이 한 대로, 보르데는 대장균이 든 액체를 촘촘한 여과기로 걸러서 들어 있을 법한 파지를 분리했다. 거른 액체를 배양하고 있던 다른 대장균과 섞었다. 데렐의 실험에서 세균이 죽은 것처럼, 그 대장균도 죽었다.

하지만 보르데는 데렐보다 한 단계 더 나아갔다. 그는 원래의 대장균 군체, 즉 처음에 여과를 했던 바로 그 군체에 여과액을 섞으면 어떻게 될지 알아보기로 했다. 놀랍게도 투명한 반점이 전혀 생기지 않았다. 첫 번째 대장균 군체는 두 번째 균체를 죽인 것이 무엇이든 간에 그것에 면역이 되어 있었다. 이 놀라운 결과를 접한 보르데는 데렐이 틀렸다고 판단하기에 이르렀다. 한마디로 파지가 없었다는 것이다. 대신에 보르데는 세균이 다른 미생물을 죽일 수 있는 독성 단백질을 분비한 것이라고 했다. 자기 자신에게는 독성을 띠지 않는 단백질이라는 것이다.

데렐은 반박했다. 그러자 보르데가 재반박했고, 논쟁은 수년 동안 격렬하게 이어졌다. 1940년대가 되어서야 과학자들은 마침내 데렐이 옳았다는 가시적인 증거를 발견했다. 투명한 반점에서 채취한 액체를 전자현미경으로 보자, 기이한 모양의 바이러스가 모습을 드러냈다. 거미의 다리처럼 보이는 막대 같은 단백질 위에 상자 모양의 외피가 얹혀 있는 모습이었다. 파지는 마치 달에 내린 착륙선처럼 대장균의 표면에 안착한 뒤에 구멍을 뚫고서 자신의 DNA를 집어넣었다.

보르데가 실험 결과를 토대로 잘못된 결론을 내리게 된 것

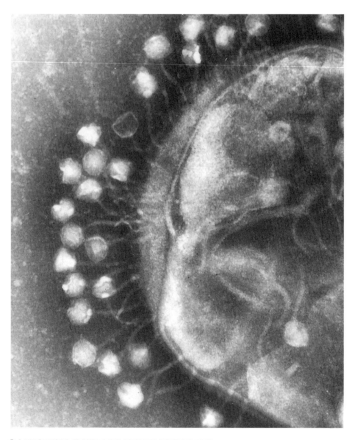

┃숙주세포인 대장균의 표면에 달라붙은 박테리오파지.

은 파지가 전혀 다른 두 가지 유형의 한살이를 거칠 수 있다는 점을 몰랐기 때문이다. 데렐의 파지는 증식하기 위해서 숙주를 죽여야 했다. 감염하자마자 세균을 압박하여 새로운 파지를 많이 만들게 했고, 이윽고 세균을 터뜨리면서 밖으로 쏟아

져 나왔다. 바이러스학자들은 이런 살해자를 용균성 파지라고
부른다.

반면에 보르데가 연구한 것은 용원성(잠재성) 파지였다. 숙
주와 완벽하게 융합하여 숙주를 죽이지 않을 수 있는 유형이었
다. 용원성 파지는 사람유두종바이러스가 우리 피부세포를 대
하는 것과 비슷하게 세균을 대한다. 용원성 파지에 감염되면,
숙주 미생물은 그 바이러스의 유전자를 자신의 DNA에 끼워
넣는다. 감염된 세균은 계속 성장하고 분열하며, 그에 따라서
새로 끼워진 바이러스 유전자도 함께 불어난다. 마치 파지와
숙주가 하나가 된 듯하다.

그러나 용원성 파지는 숨어 있는 위협으로 남아 있다. 감염
된 세균은 갑작스럽게 어떤 스트레스를 받으면, 그것이 신호가
되어서 끼여 있던 파지의 유전자들을 읽어 새 바이러스를 만들
기 시작한다. 이윽고 세포가 터지면서 파지들은 방출되어 취약
한 새 숙주를 찾아 나선다. 그런데 그들은 용원성 파지를 이미
지니고 있는 세균에는 침입하지 못한다. 보르데의 실험은 원래
의 세균 군체가 그 바이러스에 이미 면역이 되어 있기 때문에
실패했던 것이다.

데렐은 파지 논쟁이 끝나기를 기다리지 않고 파지를 이질
치료제로 쓸 방법을 찾아 나섰다. 환자에게 파지를 투여하면,
파지가 세균을 다 없애서 감염이 치료될 수도 있지 않을까? 이

가설을 검증할 수 있으려면, 먼저 그런 파지가 안전하다는 것을 확인해야 했다. 그는 이질균 용액을 걸러서 파지가 든 여과액을 만든 뒤 들이마셨다. 그는 "가장 미미한 불편한 느낌조차 없었다"라고 썼다. 이어서 데렐은 파지가 든 액체를 피부에 주사했는데, 이번에도 아무런 증상이 없었다. 파지가 안전하다고 확신한 데렐은 환자들에게 자신의 '파지 요법'을 쓰기 시작했다. 그는 파지가 이질 환자들의 회복을 도왔다고 발표했다. 그는 콜레라 등 다른 세균 질환에도 그 요법을 시도했고, 성공 사례를 더 발표했다. 수에즈 운하에서 프랑스 선박의 승객 4명이 가래톳페스트에 걸리자, 데렐은 파지를 투여했다. 4명 모두 회복되었다.

데렐은 박테리오파지의 발견으로 과학계 내에서 유명해져 있었지만, 이제 그 치료법 덕분에 너욱 유명세를 떨치게 되었다. 미국 작가 싱클레어 루이스(Sinclair Lewis)는 데렐의 혁신적인 연구를 토대로 1925년에 《애로스미스(Arrowsmith)》라는 소설을 발표했다. 소설은 베스트셀러가 되었고, 1931년에는 할리우드에서 영화로 제작되었다. 그사이에 데렐은 파지를 토대로 한 약을 개발하여 오늘날 로레알이라고 불리는 회사를 통해 판매했다. 그 약은 잘 팔렸고 사람들은 그의 파지 치료제를 피부 상처와 장내 감염 치료에도 썼다.

하지만 파지 열풍은 오래가지 않았다. 1930년대에 연구자들이 처음으로 항생제를 발견했다. 균류와 세균이 만드는 이 분자는 감염을 막을 수 있었다. 의사들은 이 신뢰할 수 있는 불활성 화학물질로 재빨리 돌아섰다. 곧 항생제는 효과가 대단히 뛰어나고 신뢰할 수 있다는 것이 드러났다. 파지 요법 시장은 쪼그라들었고, 대다수 과학자는 파지를 굳이 더 연구할 이유가 없다고 보았다.

하지만 데렐의 꿈은 완전히 사라진 것이 아니었다. 아직 의학계의 상징적인 인물이던 때인 1920년대에 그는 소련을 여행하다가 파지 요법을 연구하는 기관을 설립하고자 하는 과학자들을 만났다. 1923년 데렐은 소련 연구자들이 트빌리시에 엘리아바 박테리오파지 & 미생물학 & 바이러스학 연구소를 설립하는 일을 도왔다. 트빌리시는 현재 조지아공화국의 수도다. 전성기 때 연구소는 직원이 1200명이었고 연간 수 톤씩 파지를 생산했다. 제2차 세계대전 때 소련은 파지 가루약과 알약을 전선으로 보내어 감염된 군인들에게 배급했다. 1963년 엘리아바 연구소는 파지가 정말로 사람에게 잘 듣는지를 알아보기 위해 대규모의 임상 시험까지 수행했다. 트빌리시의 각 거리를 기준으로 한쪽에 사는 아이들에게는 파지가 든 알약을 주었다. 거리 반대편에 사는 아이들에게는 설탕이 든 알약을 주었다. 총 3만 769명의 아이에게 알약을 투여한 뒤, 109일 동안 지켜보았다. 설탕 알약을 먹은 아이들은 1000명당 6.7명이 이질에 걸렸다.

파지 알약을 먹은 아이들은 1000명당 1.8명만이 이질에 걸렸다. 파지를 먹음으로써 이질에 걸릴 확률이 3.8분의 1로 줄어든 것이다.

이런 연구가 서구에서 이루어졌다면, 일부 과학자들은 파지 요법에 새롭게 관심을 가졌을지도 모른다. 그러나 소련 정부가 자국의 과학을 비밀로 유지했기 때문에, 조지아공화국 바깥에는 이 놀라운 결과가 거의 알려지지 않았다. 1989년 소련이 무너진 뒤에야 비로소 서구 사회는 트빌리시에서 진행된 놀라운 임상 시험의 전모를 알게 되었다. 그때쯤 감염병 전문가들은 마침내 항생제의 대안을 진지하게 고려할 준비가 되어 있었다. 항생제 내성이 점점 흔해지면서, 그 경이로운 약물이 듣지 않는 사례들이 늘어나고 있었다. 의사들은 가장 안전하면서 가장 신뢰할 수 있는 항생제가 너 이상 감염을 막지 못할 수 있다는 사실을 알아차렸다. 더 비싸면서 때로 위험한 부작용을 보이는 예비 수단에 의존해야 하는 사례가 늘어나고 있었다.

1990년경에 많은 연구자들은 파지 요법을 다시금 진지하게 살펴보고 있었다. 그러나 파지 요법을 임상에 적용하려면 몇 가지 크나큰 장애물을 넘어야 한다는 것도 알았다. 한 예로, 파지는 종과 균주의 다양성이 아주 크며, 저마다 특정한 세균 숙주에 잘 적응해 있다. 설령 어느 한 파지가 한 병원체 균주에 효과가 있음이 드러난다고 해도, 다른 균주들에는 효과가 없을 수도 있었다.

또 회의론자들은 항생제처럼 파지도 결국에는 내성에 굴복할 것이라고 우려했다. 1940년대에 미생물학자인 살바도르 루리아(Salvador Luria)와 막스 델브뤼크(Max Delbruck)는 파지에 대한 내성이 진화하는 양상을 두 눈으로 목격했다. 대장균이 자라는 배지에 파지를 뿌리자 대장균은 대부분 죽었지만, 극소수는 살아남아 증식하여 새로운 군체를 형성했다. 더 자세히 살펴보니 생존자들이 파지에 내성을 띠는 돌연변이를 획득했다는 것이 드러났다. 내성을 띤 세균은 그 돌연변이 유전자를 후손에게 물려주었다. 회의론자들은 파지 요법도 배양접시에서처럼 우리 몸에서 파지에 내성을 띤 세균의 진화를 부추길 수 있다고 주장했다.

21세기에 파지 요법 연구자들은 이런 우려 중 일부를 해결했다. 파지가 숙주를 까다롭게 고른다는 것은 분명하지만, 그렇다고 해서 파지 요법으로 다양한 감염을 치료할 수 없다는 의미는 아니다. 한 예로, 엘리아바 연구소의 과학자들은 피부 상처에 감염되는 가장 흔한 6가지 세균을 죽일 수 있는 6가지 파지가 들어 있는 붕대를 개발했다. 또 연구자들은 각 환자의 세균에 효과가 있는 것이 어느 파지인지 검사하는 데 쓸 파지 집합도 개발하고 있다.

새 파지를 발견하는 과학자들은 세균을 새롭게 공격할 수 있는 종을 발견하는 것이기도 하다. 예일 대학교 연구자 벤 챈 (Ben Chan)과 그 동료들은 세균의 표면에 있는 한 펌프를 통해서 안으로 침입하는 파지를 발견했다. 우연찮게도 그 펌프는 세균이 안으로 침투한 항생제가 해를 입히기 전에 밖으로 다시 퍼내는 데 쓰는 것이기도 했다. 세균은 이런 펌프를 더 많이 만듦으로써 항생제에 더 강하게 내성을 띠는 쪽으로 진화할 수 있다.

챈 연구진은 배양하는 세균에 새 파지가 어떤 효과를 일으키는지 조사했다. 그 파지에 노출된 세균은 파지의 침입을 어렵게 하기 위해서 펌프를 더 적게 만드는 쪽으로 진화했다. 그런데 펌프가 더 적은 세균은 항생제에 더 취약해졌다. 이 연구는 파지와 항생제를 함께 쓴다면 세균을 일종의 진화적 갈등 상황으로 내몰 수 있다는 것을 시사한다. 얼마 뒤 챈 연구진은 내성균에 감염된 만성 심장병 환자에게 이 조합을 투여했다. 결국 그 세균은 항생제에 취약해졌고, 환자는 회복되었다.

물론 한 명의 환자를 대상으로 한 임상 시험은 파지 요법이 데렐의 시대보다 더 안전하고 효과적임을 입증하는 것이 결코 아니다. 그러나 챈 연구진은 더 많은 환자들을 대상으로 파지 요법이 도움을 줄 수 있는지 알아보고 있으며, 다른 연구진들도 임상 시험에 착수한 상태다. 각국 정부는 현재 이 연구가 쉽게 이루어질 수 있도록 약물보다 바이러스에 더 초점을 맞추는 쪽으로 법규를 개정하려는 시도를 하고 있다. 데렐이 박테리오 파지와 처음 마주친 지 한 세기가 지난 지금, 이 바이러스는 마침내 현대 의학의 일부가 될 준비를 하고 있는 듯하다.

감염된 바다

해양 파지는 어떻게 바다를 지배하고 있는가

위대한 발견 중에는 처음에 끔찍한 실수처럼 보였던 것도 있다.

1986년 스토니브룩에 있는 뉴욕 주립 대학교의 리타 프록터(Lita Proctor)라는 대학원생은 바닷물에 바이러스가 얼마나 많이 있는지 알아보자고 마음먹었다. 당시 바닷물에는 바이러스가 거의 없다는 것이 일반적인 견해였다. 바다에서 바이러스를 살펴보는 수고를 한 연구자는 극소수에 불과했고, 그들은 바이러스를 간신히 찾아냈을 뿐이었다. 대부분의 전문가들은 자신들이 바닷물에서 찾아낸 바이러스의 대다수가 사실은 육지에서 나온 하수 같은 것들을 통해 유입된 것이라고 믿었다.

그러나 세월이 흐르면서, 이 일반적인 견해에 산뜻하게 들어맞지 않는 증거들이 나타났다. 존 시버스(John Sieburth)라는 해양생물학자는 한 해양 세균이 터지면서 새 바이러스들이 뿜어지는 사진을 발표하기도 했다. 프록터는 바다에 바이러스가 얼마나 많은지를 체계적으로 조사하기로 마음먹었다. 그녀는 카리브해와 사르가소해를 돌아다니면서 바닷물을 채취했다. 롱아일랜드로 돌아온 뒤 그녀는 바닷물에서 생체 물질을 세심하게 추출하여, 전자현미경으로 살펴보기 위해 금속 코팅을 했다. 마침내 표본을 전자현미경으로 보는 순간, 프록터의 눈앞에 바이러스로 가득한 세계가 펼쳐졌다. 자유롭게 떠다니는 것도 있었고, 감염된 세균 숙주 안에 숨어 있는 것도 있었다. 채취한 바닷물 표본에서 본 바이러스의 수를 토대로 그녀는 바닷물 1리터에 많으면 1000억 마리의 바이러스가 들어 있을 것이라고 추산했다.

프록터의 추정값은 그 전까지 과학자들이 추정하던 값을 훨씬 뛰어넘었다. 그러나 그녀의 뒤를 이어서 나름대로 조사를 한 다른 과학자들도 비슷한 추정값을 내놓았다. 그들은 심해 해구와 북극해의 얼음 속에서도 바이러스를 찾아냈다. 이윽고 과학

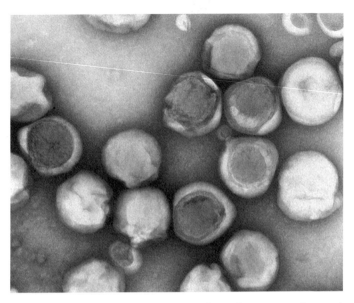

┃해양 조류를 감염시키는 바이러스인 에밀리아니아 훅슬레이(Emiliania huxleyi).
  (이 바이러스들은 떠 있는 모습이다.)

자들은 바다에 10,000,000,000,000,000,000,000,000,000,000마리
에 가까운 바이러스가 있다는 데 동의하게 되었다.

　그런 엄청난 수를 이해하는 데 도움을 줄 비교 대상을 찾기
는 쉽지 않다. 바다에는 전 세계 해안의 모래알보다 1000억 배
더 많은 바이러스가 있다. 바다의 바이러스를 모두 모아 저울
에 달면, 대왕고래 7500만 마리의 몸무게와 맞먹을 것이다(전
세계에 대왕고래는 1만 마리도 안 된다). 그리고 바다의 바이러스를
한 줄로 세우면 4200만 광년까지 뻗어나갈 것이다.

그렇다고 해서 바다에서 헤엄치는 것이 사망 선고라는 의미는 아니다. 바다에 있는 바이러스 중에 인간을 감염할 수 있는 것은 극소수에 불과하다. 어류와 해양 포유동물을 감염하는 해양 바이러스도 일부 있지만, 바이러스의 가장 흔한 표적은 세균을 비롯한 단세포 미생물이다. 미생물은 맨눈에 안 보일 만큼 작을지도 모르지만, 모이면 거대한 고래, 산호초, 모든 해양생물을 압도하는 수준이다. 우리 몸에 사는 세균이 파지의 공격을 받는 것과 마찬가지로, 해양 미생물들도 해양 파지의 공격을 받는다.

펠릭스 데렐이 1917년 프랑스 군인에게서 처음 박테리오파지를 발견했을 때, 많은 과학자들은 그런 것이 실제로 존재한다는 것을 믿지 않으려 했다. 데렐이 지구에서 가장 풍부한 생명체를 발견했다는 사실이 명확해진 것은 한 세기가 지난 뒤였다. 게다가 해양 파지는 지구에 엄청난 영향을 미치고 있다. 세계 바다의 생태계에 영향을 미친다. 그들은 지구의 기후에도 영향을 미친다. 그리고 그들은 수십억 년에 걸친 생명의 진화에도 중요한 역할을 해왔다. 다시 말해 그들은 생명의 살아 있는 모체다.

해양 파지는 감염성이 뛰어나기 때문에 강력하다. 그들은 1초마다 1000조 마리의 새 미생물 숙주로 침입하며, 매일 세계의 바다에 있는 세균의 15~40퍼센트를 죽인다. 이렇게 엄청나게 많은 숙주들이 죽어가는 가운데 새로운 해양 파지들이 생겨난다. 바닷물 1리터마다 매일 새로운 바이러스가 1000억 마리씩 생겨난다.

이 높은 치사율은 숙주의 수를 억제하는 역할을 하며, 그 치명적인 능력은 우리 인류에게 혜택을 주기도 한다. 예를 들어, 콜레라는 비브리오(Vibrio)속의 수인성 세균이 급증하면서 생긴다. 하지만 비브리오속은 많은 파지의 숙주다. 비브리오속 세균의 수가 폭발적으로 늘어나서 콜레라가 유행할 때, 파지도 급격히 증식한다. 바이러스는 아주 빨리 불어나면서 비브리오속 세균이 번식하는 속도보다 훨씬 더 빨리 세균을 죽인다. 이윽고 세균의 수는 줄어들고, 콜레라 유행병도 수그러든다.

미생물이 죽어서 터질 때 새 바이러스만 쏟아지는 것이 아니다. 유기 탄소 같은 분자들도 쏟아진다. 해마다 해양 바이러스는 수십억 톤의 탄소를 방출시키며, 이 엄청난 양은 지구 전체에 영향을 미친다. 이 탄소 중 일부는 엄청나게 많은 새 미생물의 증식을 자극하는 비료 역할을 한다. 즉 해양 먹이 그물의 일부를 지탱한다. 바이러스가 이 증식을 부추기지 않는다면 이 그물은 아주 작아질 것이다. 방출된 탄소 중 일부는 미생물에게 먹히지 않는다. 대신에 해저로 가라앉는다. 미생물에 들어 있는 분자들은 끈적거리므로, 바이러스가 숙주를 터뜨리면 끈적거리는 분자들은 다른 탄소 분자들과 엉겨서 덩어리를 이루어 가라앉는다. 마치 물속에서 눈보라가 치는 양 보이면서 해저로 계속 가라앉는다.

해양 바이러스의 숙주들은 온갖 방어 수단을 진화시킴으로써 이 위협에 대처한다. 그러나 바이러스도 그런 수단들을 이기는 방법들을 진화시켜왔다. 종마다 나름의 진화적 탈출 경로로 나아가므로, 이 경주는 엄청난 해양 바이러스 다양성을 빚어내는 역할을 해왔다. 리타 프록터는 처음 조사를 시작할 때 얼마나 많은 종류의 바이러스를 발견하게 될지 짐작조차 못 했다. 그녀는 현미경을 들여다보면서 몇 개인지 셀 수 있었지만, 바이러스의 모양은 한정되어 있었다. 공 모양, 원통 모양 등이었다. 그러나 바이러스의 세계에서 겉모습은 기만적이다. 리노바이러스와 소아마비바이러스는 거의 똑같은 공 모양이지만, 전자는 가벼운 감기를 일으키는 반면 후자는 우리 몸을 마비시키거나 죽음을 가져올 수 있다.

2000년대 초부터 바이러스학자들은 바이러스의 겉모습을 뛰어넘는 법을 알아냈다. 바이러스의 유전자를 직접 살펴보는 것이었다. 그들은 바닷물이든 더러운 물이든 호박벌의 창자든 간에, 여기저기에서 시료를 채취하여 여과를 거쳐서 바이러스를 얻었다. 그런 뒤 그 바이러스에서 유전물질을 추출하여 서열을 분석했다. 이런 서열 중에는 잘 알려진 바이러스의 종이나 균주의 것과 들어맞는 것들도 있었다. 그러나 들어맞지 않는 것들도 흔했다. 어디를 살펴보든 간에, 엄청나게 다양한 바이러스들이 있었다. 심지어 우리 몸에서도 놀라운 발견이 이루어져왔다. 2014년 배스 더틸(Bas Dutilh) 연구진은 사람의 대변에서 새로운 파지를 발견해서 크래스파지(crAssphage)라는 이름을 붙였다. 바이러스의 유전자 서열 조각들을 이어 붙이는 방법인 '교차 조립(cross assembly)'의 약어다. 연구진은 곧 크래스파지 유형의 바이러스를 아주 많이 발견했고, 이들이 사람의 몸에 있는 바이러스의 90퍼센트까지도 차지한다는 것이 드러났다. 그럼에도 펠렉스 데렐이 파지를 발견한 이래로 한 세기 동안 모르고 있었다.

파지 세계의 진정한 범위가 어느 정도인지를 명확히 보여주는 곳은 바다다. 오하이오 주립 대학교의 바이러스학자인 매슈 채프먼(Matthew Chapman) 연구진은 세계 해양 탐사를 하면서 바닷물의 유전물질을 분석했다. 2016년 그는 1만 5000종이 넘는 새로운 바이러스를 찾아냈다고 발표했다. 비교하자면, 포유류는 6400종에 불과하다. 채프먼 연구진은 해양 바이러스의 다양성을 꽤 많이 밝혀냈다고 생각했지만, 더 확실히 하기 위해서 더 많은 물을 채취했고 바이러스의 유전자를 찾아내는 새로운 방법도 창안했다. 2019년 그들은 총 20만 종을 찾아냈다고 발표했다. 그러나 그들은 드넓은 바다 중 극히 일부분만 조사했을 뿐이다. 일부 연구자들은 지구에 바이러스가 100조 종 넘게 있을 것이라고 추정한다. 그중 대부분은 바다에 있을 것이다.

　바이러스는 독특한 증식 방식에 힘입어서 다양성을 늘린다. 세포는 바이러스에 감염되면, 새로운 바이러스를 많이 만든다. 하지만 그 과정은 아주 엉성하다. 새 바이러스의 유전자는 복제 오류로 가득하다. 이런 돌연변이 중 대부분은 바이러스를 무력하게 만들지만, 일부는 숙주를 잘 감염할 수 있도록 함으로써 바이러스에 진화적 이점을 제공한다. 두 종류의 바이러스가 한 세포에 감염되면, 양쪽의 유전자가 섞일 수도 있다. 심지어 바이러스는 숙주 자신의 유전자 중 일부를 획득할 수도 있다. 그 유전자를 새 숙주에 전달할 수도 있다. 해양 바이러스가 해마다 숙주들의 유전체 사이에 1조×1조 개의 유전자를 옮긴다는 추정값도 나와 있다.

　유전자를 빌리는 덕분에 바이러스는 세계 산소의 많은 부분을 담당할 수도 있다. 대기에 있는 산소 중 상당 부분은 바다에 사는 광합성 미생물이 생산한다. 그런 미생물에 감염되는 바이러스 중 일부는 자체 광합성 유전자를 지니고 있다. 그들은 숙주에 침입할 때, 빛을 수확하는 일을 담당한다. 대강 추정한 한 자료에 따르면, 지구에서 이루어지는 광합성의 약 10퍼센트는 바이러스 유전자를 통해 수행된다고 한다. 즉 우리가 10번 숨을 들이마실 때마다 한 번은 바이러스가 생산한 산소를 들이마시는 셈이다.

이 유전자 전달은 오늘날 지구에 사는 생물뿐 아니라 생명의 역사 전체에 엄청난 영향을 미쳐왔다. 어쨌든 생명은 바다에서 시작되었다. 가장 오래된 생명체의 흔적은 약 35억 년 전으로 거슬러 올라가는 해양 미생물의 화석이다. 다세포 생물이 처음 진화한 곳도 바다였다. 가장 오래된 다세포 생물 화석은 약 20억 년 전의 것이다. 사실 우리 인류의 조상은 약 4억 년 전에야 처음 육지로 기어 올라왔다. 바이러스는 암석에 화석을 남기지 않지만, 숙주의 유전체에 흔적을 남긴다. 그런 흔적들은 바이러스가 수십억 년 전부터 있었음을 시사한다.

과학자들은 오래전에 살던 공통 조상에서 갈라진 종들의 유전체를 비교함으로써 유전자의 역사를 파악할 수 있다. 예를 들어 그런 비교를 통해 먼 과거에 살았던 바이러스가 현재 숙주에 전달한 유선사를 찾아낼 수 있다. 과학자들은 모든 생물이 바이러스가 집어넣은 수백 개 혹은 수천 개의 유전자를 지닌 유전체의 모자이크임을 깨달아왔다. 생명의 나무에서 가장 아래쪽에 놓인 생물조차도 바이러스가 옮긴 유전자를 지니고 있다. 다윈은 생명의 역사를 나무 형태로 상상했을 것이다. 하지만 유전자의 역사, 적어도 해양 미생물과 그 바이러스의 유전자 역사는 수십억 년 전으로 거슬러 올라가는 부산한 교역망의 역사에 더 가깝다.

우리 안의 기생체

내생 레트로바이러스와
바이러스가 득실거리는 우리 유전체

숙주의 유전자가 바이러스에게서 왔을 수 있다는 개념은 거의 철학적 의문을 떠올리게 할 만큼 기이하다. 우리는 유전체를 우리의 궁극적 정체성이라고 여기는 경향이 있다. 세균이 바이러스로부터 자기 DNA의 많은 부분을 습득했다는 사실은 당혹스러운 의문을 불러일으킨다. 그 세균은 자기만의 정체성을 지니고 있을까? 아니면 정체성의 명확한 경계가 흐릿해져 있는 그저 그런 잡종 프랑켄슈타인일까?

처음에는 이 문제가 오로지 미생물에게나 해당된다고 치부함으로써, 우리 자신은 이 수수께끼와 무관하다고 선을 긋는 것이 가능했다. 바이러스 유전체가 그저 '하등한' 생명체에게서 어쩌다 찾아낸 것이었으니까. 하지만 이제는 더 이상 그런 식으로 자위할 수 없다. 우리 자신의 유전체에도 바이러스가 들어 있기 때문이다. 수천 마리나 들어 있다.

과학자들이 우리 자신이 바이러스를 지닌다는 것을 알아차리기까지는 수십 년이 걸렸다. 이 여정의 출발점은 프랜시스 라우스의 플리머스록 품종의 닭이었다. 그 아픈 암탉과 마주친 것을 계기로 라우스는 50년 동안 암 유발 바이러스를 연구했다. 라우스를 비롯한 연구자들은 종양을 형성할 수 있는 바이러스를 많이 발견했다. 한 예로, 라우스는 토끼를 연구함으로써 유두종바이러스를 발견했다. 그의 닭은 또 다른 바이러스 종에도 감염되어 있다는 것이 드러났다. 이 바이러스에는 그의 이름이 붙었다. 라우스육종바이러스(Rous sarcoma virus)였다.

후대의 과학자들은 암의 비밀을 풀 수 있기를 기대하면서 라우스육종바이러스를 연구했다. 그 과정에서 그들은 바이러스가 놀라운 복제 방식을 지닌다는 것을 발견했다. 라우스육종바이러스의 유전자는 단일 가닥 RNA에 들어 있다. 이 바이러스는 닭의 세포에 침입하면 유전자를 이중 가닥 DNA로 복제한다. 그런 뒤 그 바이러스DNA를 숙주의 유전체에 끼워 넣는다. 연구자들은 숙주세포가 분열할 때 끼워진 바이러스의 DNA도 함께 복제된다는 것을 알았다. 세포는 특정한 조건에서는 새로운 바이러스—유전자와 단백질 외피를 다 갖춘—를 만들게 되며, 이 바이러스들은 빠져나가서 새 세포를 감염할 수 있다. 그런데 라우스육종바이러스의 유전자가 우연히 유전체의 특정한 지점에 끼워진다면, 닭에게서 종양이 생긴다. 그때 바이러스 유전자는 평소에 꺼져 있어야 할 숙주 유전자를 계속 켜놓음으로써 세포가 마구 계속 증식하게 만든다. 1960년대에 연구자들은 라우스육종바이러스만이 그런 것이 아님을 알게 되었다. 레트로바이러스라고 하는 집단에 속하는 많은 바이러스들도 같은 방식으로 유전자를 숙주의 유전체에 끼워넣는다는 것이 드러났다.

워싱턴 대학교의 바이러스학자인 로빈 웨이스(Robin Weiss)는 특히 한 레트로바이러스에 흥미를 가졌다. 라우스육종바이러스의 가까운 친척인 조류백혈병바이러스(avian leukosis virus)였다. 웨이스는 닭에게 그 바이러스가 있는지 검사했는데, 결과를 보고서 의아했다. 그 검사 중에는 닭의 피에 바이러스의 단백질이 있는지 조사하는 것도 있었다. 그런데 건강하면서 종양이 생긴 적도 없는 닭에도 바이러스 단백질이 들어 있곤 했다. 더욱 기이한 점은 그런 건강한 닭에게서 나온 병아리들도 바이

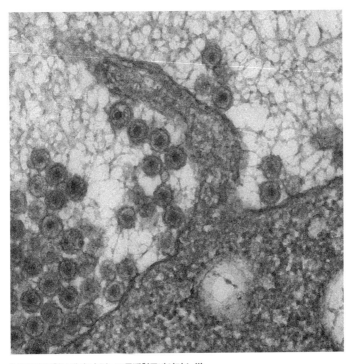

▌사람의 백혈구에서 나오는 조류백혈구바이러스 싹.

러스 단백질을 지니고 있다는 것이었다.

웨이스는 레트로바이러스가 숙주 유전체에 유전자를 삽입하는 방식을 떠올리면서, 그 유전자도 함께 후대로 전달될 수 있지 않을까 생각했다. 그의 연구진은 그 바이러스를 숨어 있는 곳에서 뛰쳐나오게 할 수 있는지 알아보기 위해 그 바이러스 단백질을 만드는 건강한 닭의 세포를 채취하여 배양했다.

그런 뒤 그 세포에 돌연변이 유발 화학물질을 집어넣고 방사선도 쪼였다. 이런 공격에 자극을 받아서 레트로바이러스 유전자가 깨어나 새 바이러스를 만들 것이라고 생각해서였다.

그들이 추측한 대로 돌연변이가 일어난 세포는 조류백혈병바이러스를 만들어내기 시작했다. 다시 말해, 이 건강한 닭은 단순히 조류백혈병바이러스에 감염된 세포를 일부 지니고 있는 것이 아니었다. 그 바이러스를 만드는 유전자 명령문은 닭의 모든 세포에 이식되어 있었고, 닭은 그 명령문을 후손에게 대물림했다.

웨이스 연구진은 곧 이 숨은 바이러스는 한 별난 닭 혈통에만 들어 있는 것이 아님을 알아차렸다. 그들은 많은 닭 혈통에 조류백혈병바이러스가 들어 있다는 것을 알아냈고, 그것은 이 바이러스가 닭 DNA의 오래된 구성 요소일 가능성을 시사했다. 조류백혈병바이러스가 현생 닭의 조상들에 감염한 것이 얼마나 오래전인지 알기 위해, 웨이스 연구진은 말레이시아 정글로 갔다. 그곳에서 그들은 닭의 가장 가까운 야생 친척인 적색야계를 사로잡았다. 적색야계도 똑같은 조류백혈병바이러스를 지니고 있었다. 후속 탐사를 통해 그는 다른 야계 종들에게는 그 바이러스가 없다는 것을 알았다.

이 조류백혈병바이러스 연구로부터 그것이 닭에게 어떻게 통합되었는지를 설명하려는 가설이 나왔다. 수천 년 전 이 바이러스는 기르는 닭과 적색야계의 공통 조상에 감염했다. 세포에 침입한 바이러스는 새 사본을 만들고 새 개체에 감염하면서 계속 불어났다. 그러면서 종양을 흔적으로 남겼다. 그러다가 적어도 한 개체에게서 뭔가 다른 일이 일어났다. 암을 형성하는 대신에, 그 바이러스는 새의 면역계에 억제된 상태에 놓였다. 바이러스는 해를 일으키지 않으면서 그 새의 몸 전체로 퍼졌고, 이윽고 생식기관으로도 들어갔다. 그렇게 감염된 난자나 정자는 감염된 닭 배아를 만들 수 있었다.

감염된 배아가 자라고 분열할 때, 새로 생긴 세포들도 모두 그 바이러스의 DNA를 물려받았다. 마침내 알을 깨고 나왔을 때, 병아리는 닭이면서 어느 정도는 바이러스이기도 했다. 그리고 조류백혈병바이러스가 이제 유전체의 일부가 되었기에, 그 닭은 바이러스의 DNA도 자손에게 물려주었다. 바이러스는 수천 년 동안 조용한 승객이 되어 다음 세대로 계속 대물림되었다. 하지만 특정한 조건에서는 다시 활성을 띠어 종양을 형성하고, 다른 새에게로 퍼질 수 있었다.

과학자들은 이 조류백혈병바이러스를 별도의 집단으로 분류했다. 그것을 내생 레트로바이러스(endogenous retrovirus)라고 했다. 내생은 내부에서 생성된다는 의미였다. 곧 그들은 다른 동물들에서도 내생 레트로바이러스를 발견했다. 사실 그 바이러스는 어류에서 파충류와 포유류에 이르기까지 모든 주요 척

추동물 집단의 유전체에 숨어 있었다. 새로 발견된 내생 레트로바이러스 중에는 조류백혈병바이러스처럼 암을 일으키는 것도 있었지만, 그렇지 않은 것도 많았다. 돌연변이가 일어나서 숙주세포를 탈출할 수 있는 새 바이러스를 만드는 능력을 잃은 것들도 있었다. 그러나 이런 결함 있는 바이러스라도 여전히 자신의 유전자 사본은 계속 만들 수 있었다. 그렇게 만들어진 사본은 다시 숙주 유전체에 삽입되곤 했다. 또 과학자들은 돌연변이가 너무 많이 일어나서 더 이상 아무 일도 할 수 없는 내생 레트로바이러스들도 찾아냈다. 그냥 숙주 유전체에 딸린 짐이나 다름없는 것이 되어 있었다.

연구자들은 사람의 유전체 전체를 조사했을 때, 거기에서도 내생 레트로바이러스를 발견하기 시작했다. 현재 과학자들이 아는 한, 그중에 활동하는 것은 전혀 없다. 그러나 프랑스 빌쥐프에 있는 구스타브 루시 연구소의 티에리 하이드만(Thierry Heidmann) 연구진은 이 유전적 짐을 온전한 바이러스로 전환시킬 수 있다는 것을 알아냈다. 하이드만은 내생 레트로바이러스를 연구하면서 그 바이러스가 사람마다 조금씩 다르다는 것을 알아차렸다. 한 레트로바이러스가 고대 인류의 유전체에 갇힌 뒤로 생겨난 차이였을 것이다. 후손들에게서 바이러스의 DNA 중 각기 다른 부위에 돌연변이가 일어난 결과일 것이다.

하이드만 연구진은 이 바이러스 유사 서열의 변이 형태들을 비교했다. 그것은 조금 부주의한 필경사들이 베껴 쓴 셰익스피어의 희곡 네 부를 찾아낸 것과 비슷했다. 필경사마다 베껴 쓸 때 나름의 실수를 저지를 수 있고, 사본마다 똑같은 단어가 다르게 적혀 있을 수 있다. '고리고, 그러고, 흐라고, 그라고'로 말이다. 역사가는 네 판본을 비교함으로써 원래 단어가 '그리고'임을 알아낼 수 있다.

이 방법을 써서 하이드만 연구진은 현생 인류에게 있는 레트로바이러스의 돌연변이 판본들로부터 원래의 DNA 서열을 파악할 수 있었다. 그런 뒤 그 서열을 지닌 DNA를 합성하여 배양접시에서 키우는 사람 세포에 주입했다. 그러자 감염된 세포에서 새로운 바이러스가 만들어졌고, 그 바이러스는 다른 세포를 감염시킬 수 있었다. 다시 말해 그 DNA의 원본 서열은 제 기능을 하는 살아 있는 바이러스였다. 2006년에 하이드만은 그 바이러스에 피닉스(Phoenix)라는 이름을 붙였다. 자신의 잿더미에서 부활한다는 신화 속의 불사조 말이다.

아마 피닉스바이러스가 우리 조상에게 감염된 것은 100만 년이 되지 않았을 것이다. 그러나 우리 세포에는 훨씬 더 오래된 바이러스들도 있다. 더 오래되었다는 것을 아는 이유는 과학자들이 동일한 바이러스가 우리 유전체뿐 아니라 다른 종들의 유전체에 숨어 있다는 점을 알아냈기 때문이다. 임피리얼 칼리지 런던의 바이러스학자인 애덤 리(Adam Lee) 연구진은 사람 유전체에서 ERV-L라는 내생 레트로바이러스를 찾아냈다. 그 뒤에 그들은 말에서 땅돼지에 이르기까지 다른 여러 종들에게서도 같은 바이러스를 발견했다. 연구진은 그 바이러스의 진화 계통수를 그렸는데, 숙주 동물들의 진화 계통수와 판박이였다. 이 내생 레트로바이러스는 약 1억 년 전에 살았던, 모든 태반류 포유동물의 공통 조상에 감염했던 듯하다. 이 바이러스는 지금 아르마딜로와 코끼리, 바다소에 들어 있다. 그리고 우리에게도 있다.

내생 레트로바이러스는 숙주의 세포 안에 갇혀 있을지라도, 여전히 자기 DNA의 사본을 만들 수 있다. 그 사본은 숙주의 유전체에 다시 끼워진다. 수백만 년에 걸쳐 우리 유전체에는 계속 내생 레트로바이러스의 침입을 받았고, 그 결과 우리 유전체에는 그 바이러스가 엄청나게 많이 쌓였다. 우리 유전체에는 내생 레트로바이러스 DNA 조각이 거의 10만 개나 들어 있다. 우리 DNA의 약 8퍼센트에 해당한다. 사람 유전체에 있는 단백질 암호를 지닌 2만 개의 유전자가 차지하는 비율이 전체 DNA의 겨우 1.2퍼센트에 불과하다는 점을 생각해보라.

또 과학자들은 사람 유전체에 마찬가지로 복제되었다가 삽입되는 더 작은 DNA 조각이 수백만 개 들어 있다는 사실도 발견했다. 이 조각들 중 상당수는 내생 레트로바이러스의 잔해일 수도 있다. 수백만 년이 흐르는 동안, 진화 과정에서 DNA를 복제하는 데 필요한 핵심 부분만 남고 나머지는 사라진 것인지 모른다. 다시 말해, 우리 유전체에는 바이러스가 가득하다.

이 바이러스 DNA의 대부분은 수백만 년에 걸친 돌연변이 덕분에 활동할 능력을 잃었다. 그러나 우리 조상들은 일부 바이러스 유전자를 자신에게 유익한 쪽으로 이용하기도 했다. 사실 이런 바이러스가 없었다면, 지금의 우리는 아예 태어나지도 못했을 것이다.

1999년 장뤼크 블롱(Jean-Luc Blond) 연구진은 사람 내생 레트로바이러스 하나를 발견해서 HERV-W라는 이름을 붙였다. 그들은 그 바이러스의 유전자 중 하나가 여전히 단백질을 만들 수 있다는 것을 알고 깜짝 놀랐다. 신시틴(syncytin)이라는 이 단백질은 매우 정확하면서 매우 중요한 일을 한다는 것이 드러났다. 바이러스를 위해서가 아니라, 인간 숙주를 위해서다. 태반에서만 할 수 있는 일이다.

태반의 바깥층에 있는 세포들은 분자들이 원활하게 흐를 수 있도록 서로 융합되는데, 이때 신시틴이 작용한다. 과학자들은 사람처럼 생쥐도 신시틴을 만든다는 것을 발견했다. 그래서 이 단백질이 어떻게 작용하는지를 이해하기 위해 실험을 할 수 있었다. 연구자들이 신시틴의 유전자를 제거하자, 생쥐 배아는 태어날 때까지 살지 못했다. 이 바이러스 단백질은 모체의 혈액에서 영양소를 가져오는 데 필수적인 역할을 했다.

과학자들이 다른 태반류에도 신시틴이 있는지 조사하자, 있다는 것이 드러났다. 그런데 신시틴이 종마다 다른 형태임이 밝혀졌다. 신시틴 단백질의 여러 형태들을 발견한 티에리 하이드만은 태반에 이 온갖 형태의 바이러스 단백질이 있는 이유를 설명할 시나리오를 제시했다. 약 1억 년 전, 포유동물의 한 조상이 내생 레트로바이러스에 감염되었다. 그 조상은 처음으로 신시틴 단백질을 자신에게 맞게 이용했고, 그럼으로써 최초의 태반이 진화했다. 그 뒤로 수백만 년이 흐르는 동안 그 태반류의 조상은 여러 계통으로 갈라졌다. 그러면서 내생 레트로바이러스들에 계속 감염되었다. 새로 감염된 바이러스 중에는 자신의 신시틴 유전자를 지닌 것들도 있었고, 그런 유전자는 태반에 쓰일 단백질을 만들었다. 또 설치류, 박쥐, 소, 영장류 등 서로 다른 포유류 계통들 사이에 이 단백질을 만드는 바이러스 유전자가 서로 교환되기도 했다.

 즉 우리 인간에게서 새로운 생명이 탄생하는 가장 내밀한 순간에, 바이러스는 그 생명체의 생존에 필수적인 역할을 한다. 우리 따로 바이러스 따로 존재하는 것이 아니다. 그저 서서히 뒤섞이면서 변해가는 DNA 혼합물이 있을 뿐이다.

바이러스의 미래

새로운 천벌

사람면역결핍바이러스와 동물에게서 유래한 질병들

미국 질병 통제 예방 센터(CDC)는 매주 〈이환율 및 사망률 주
간 보고서(Morbidity and Mortality Weekly Report, MMWR)〉라는 얇
은 소식지를 낸다. 1981년 7월 4일 자 소식지에도 으레 그렇듯
이 평범한 소식과 수수께끼 같은 소식이 섞여 있었다. 그 주의
수수께끼 같은 소식 중에 로스앤젤레스에서 나온 것이 있었다.
의사들이 한 가지 기이한 우연의 일치를 알아차렸다는 내용이었다. 1980년 10월에서 1981년 5월 사이에 도시 전역에서 남성 5명이 폐포자충폐렴이라는 똑같은 희귀한 질병으로 입원했다는 것이다.

폐포자충폐렴은 폐포자충(Pneumocystis jiroveci)이라는 흔한 곰팡이가 일으킨다. 폐포자충의 포자는 아주 흔해서 대부분 어린 시절에 한 번쯤 흡입하기 마련이다. 흡입하면 면역계가 빠르게 곰팡이를 죽이고 나중에 감염을 막을 항체를 생산한다. 하지만 면역계가 약한 사람에게서는 폐포자충이 마구 날뛴다. 폐에 물이 차고 심한 흉터가 생긴다. 그렇게 앓고 난 사람은 평생 가쁘게 호흡을 하며 살아가야 한다.

그런데 로스앤젤레스의 환자 5명은 폐포자충폐렴 환자의 전형적인 양상에 들어맞지 않았다. 그들은 폐렴에 걸리기 전까지 완벽하게 건강한 젊은이들이었다. 〈이환율 및 사망률 주간 보고서〉의 편집진은 그 소식에 붙인 논평에서 5명의 수수께끼 같은 증상들이 "세포 면역 기능 장애의 가능성을 시사한다"라고 추정했다.

그 소식을 실을 때 그들은 자신들이 역사상 가장 치명적인 바이러스 유행병 중 하나의 첫 관찰 사례를 보고하고 있다는 사실을 거의 짐작도 하지 못했다. 로스앤젤레스 남성 5명의 면역계는 바이러스에 쑥대밭이 된 상태였다. 나중에 그 바이러스에는 사람면역결핍바이러스(human immunodeficiency virus, HIV)

라는 이름이 붙었다. 나중에야 연구자들은 그 바이러스가 무려 50년 동안 은밀하게 사람들 사이에 전파되고 있었다는 사실을 알아차렸다. 그러다가 마침내 대발생하면서 전 세계에 재앙을 일으켰다. 2019년까지 7570만 명이 감염되고, 그중 3270만 명이 사망한 것으로 추정되었다.

그 바이러스에 걸리기가 결코 쉽지 않다는 점을 생각하면 HIV의 사망자 수가 더욱 끔찍하게 다가온다. 그 바이러스는 공기에 떠다니지도 물건의 표면에 달라붙지도 않는다. 오로지 피나 정액 같은 특정한 체액을 통해서만 전파될 수 있다. 안전하지 않은 섹스, 출산, 오염된 주삿바늘 공유 등이 가장 흔한 감염 경로다.

HIV는 사람의 몸에 들어오면, 대담하게 면역계 자체를 공격한다. 작은 비누 거품들이 합쳐져서 더 큰 거품을 만들듯이, 이 바이러스는 CD4 T 세포라는 특정한 종류의 면역세포에 달라붙어서 융합된다. HIV는 레트로바이러스, 즉 자신의 유전물질을 세포의 DNA에 끼워넣는다는 의미다. HIV는 침입한 세포를 조작하여 새 바이러스들을 만든 뒤, 빠져나가서 다른 CD4 T 세포들을 감염한다.

처음 감염이 되면 바이러스의 수가 수십억 마리까지 폭발적으로 증가한다. 그러나 일단 면역계가 감염된 CD4 T 세포를 인식하면, 그것을 죽이기 시작하면서 바이러스의 수가 줄어

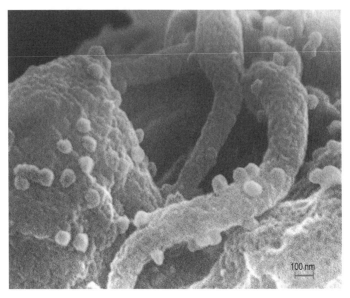

▌CD4 백혈구의 표면에 있는 사람면역결핍바이러스.

든다. 이 싸움이 벌어지는 동안 감염자는 가벼운 독감에 걸린 양 느낀다. 면역계는 HIV를 대부분 박멸하지만, 일부 바이러스는 살아남는 데 성공한다. 생존한 바이러스가 숨어 있는 CD4 T 세 포는 계속 성장하고 분열한다. 그러다가 이따금 감염된 CD4 T 세포는 새로운 HIV를 잔뜩 만들어 쏟아내고, 수많은 새로운 세 포들이 감염된다. 면역계는 다시금 새롭게 밀려들어서 온몸으 로 퍼져 나가는 바이러스들을 공격하러 나선다.

이렇게 공격과 회피의 양상이 되풀이됨에 따라서 면역계는 이윽고 지친다. 면역계가 무너지기까지는 단 1년이 걸릴 수도 있고 10년이 걸릴 수도 있다. 면역계가 무너진 사람은 건강한 면역계를 지닌 사람에게는 결코 해를 끼칠 수 없는 질병조차도 막을 수 없다. 폐포자충폐렴 같은 질병들이다. 이윽고 이 면역계가 약해지는 질환에 후천면역결핍증후군(acquired immunodeficiency syndrome), 즉 에이즈(AIDS)라는 이름이 붙었다.

첫 에이즈 환자가 출현한 지 2년 뒤인 1983년, 프랑스 과학자들은 처음으로 에이즈 환자로부터 HIV를 분리했다. 더 많은 연구를 통해 HIV가 에이즈의 원인임이 확실해졌다. 그사이에 에이즈가 로스앤젤레스의 몇몇 남성에게만 나타난 모호한 질병이 아님이 점점 드러나고 있었다. 미국 전역과 각국에서 새로운 환자들이 계속 나오고 있었다. 말라리아와 결핵 등 다른 대재앙들은 오래된 적이며, 수천 년 동안 사람들을 죽여왔다. 그런데 HIV는 전혀 눈에 띄지 않다가 몇 년 사이에 갑자기 세계적인 재앙으로 등장했다. 이 유행병학의 수수께끼를 과학자들이 풀기까지는 무려 30년이 걸리게 된다.

첫 번째 단서는 병든 원숭이에게서 나왔다.

미국 각지의 영장류 연구 센터에서 병리학자들은 많은 원숭이가 에이즈와 비슷한 증상을 보인다는 것을 알아차렸다. 그들은 원숭이가 HIV 유사 바이러스에 감염된 것이 아닐까 생각했다. 1985년 뉴잉글랜드 지역 영장류 연구 센터의 과학자들은 그 추측이 맞는지 HIV의 항체를 병든 원숭이의 혈청에 섞어서 검사했다. 피에 HIV 유사 바이러스가 들어 있다면, 항체가 달라붙어 엉길 것이다. 그들의 직감은 들어맞았다. 그들은 원숭이 혈청에서 레트로바이러스를 분리할 수 있었다. 이 새로운 레트로바이러스에는 원숭이면역결핍바이러스(simian immunodeficiency virus, SIV)라는 이름이 붙었다. 과학자들은 SIV 균주 중에 HIV와 먼 친척인 것도 있고, 더 가까운 친척인 것도 있음을 알아냈다.

물론 과학자들은 기르는 원숭이에게서 찾아낸 바이러스로부터 너무 많은 결론을 끌어내지 않도록 조심해야 했다. SIV는 동물원과 연구소 바깥에는 드물거나 없을 수도 있기 때문이었다. 하지만 야생 영장류가 SIV에 감염되어 있는지를 알아내는 일은 쉽지 않았다. 피를 채취하라고 가만히 있을 리가 없기 때문이다. 이윽고 영장류학자와 바이러스학자는 영장류가 나뭇잎이나 숲 바닥에 남긴 소변과 대변에서 바이러스 유전자를 분리하는 방법을 찾아냈다.

이런 탐사를 통해서 아프리카의 모든 원숭이와 유인원 종가운데 절반 이상이 나름의 SIV 균주를 지니고 있다는 사실이 드러났다. 진화생물학자들은 이 균주들의 유전자를 비교하여 계통수를 그렸다. 그러자 모든 SIV 균주가 수백만 년 전에 한아프리카 원숭이에게 감염된 조상 레트로바이러스의 후손임이 드러났다. 처음에 바이러스는 성교를 통해서 이 원숭이 종에게 퍼졌다. 그러다가 다른 종에게도 전파되었다. 아마 원숭이들이 영역 싸움을 할 때 흘린 피를 통해 전파되었을 것이다. 또한 세포에 서로 다른 SIV 균주들이 함께 침입할 때, 유전자들이 뒤섞이면서 전혀 새로운 균주가 만들어질 수도 있었을 것이다.

과학자들이 전 세계 환자들에게서 HIV 균주들을 분리함에 따라서, 그것들도 이 바이러스 계통수에 추가되었다. 1980년대에 과학자들이 추측했듯이, 계통수는 HIV가 SIV에서 진화했다고 말하고 있었다. 하지만 HIV는 단 한 차례만 기원한 것이 아니었다. 적어도 13번 출현했다는 것이 드러났다.

이렇게 여러 번 기원했음을 보여주는 첫 단서는 1989년 과학자들이 검댕망가베이(sooty mangabey)라는 원숭이에게서 분리한 HIV와 매우 유사한 바이러스였다. 그들은 SIVsm이라고 이름 붙인 이 바이러스가 다른 균주들보다 일부 HIV 균주와 유연관계가 더 가깝다는 것을 알아냈다. 한편 과학자들은 HIV를 크게 HIV-1과 HIV-2라는 두 유형으로 나눌 수 있다는 것도 밝혀냈다. HIV-1은 전 세계에서 발견되는 반면, HIV-2는 대체로 서아프리카에만 한정되어 있었고 증상이 훨씬 덜한 형태의 에이즈를 일으켰다. SIVsm을 찾아낸 연구진은 그 균주가 HIV-1보다 HIV-2와 더 가까운 관계임을 알아냈다. 이어서 여러 해에 걸쳐서 그들은 더 많은 SIVsm 균주들을 찾아냈다. 그 중에는 HIV-2의 특정한 균주들과 유연관계가 더 가까운 것들도 있었다. 가장 설득력 있어 보이는 설명은 SIVsm이 적어도 9번은 검댕망가베이로부터 사람에게로 옮겨왔다고 보는 것이다. 그 9번 도약이 일어나는 순간을 지켜본 사람은 아무도 없지만, 우리는 그런 일이 어떻게 일어났는지를 꽤 확신을 갖고 말할 수 있다. 서아프리카에는 망가베이를 애완동물로 기르는 사람이 많다. 또 원숭이를 잡아서 그 고기를 파는 사냥꾼도 흔하다. 사람이 검댕망가베이의 피와 접촉할 때마다 그 바이러스는 원숭이에게서 사람으로 옮겨올 기회를 얻었다. 원숭이가 사냥꾼을 물 때나, 원숭이 고기를 도축할 때처럼 말이다. 그랬을 때 SIVsm은 사람의 세포에 감염되어 증식하면서 새 숙주 종에 적응할 수 있었을 것이다.

이런 종간 도약 중에 대성공을 거둔 사례는 전혀 없었다. HIV-2는 복제가 느리며, 사람 사이에 잘 전파되지 않는다. 서아프리카에서 HIV-2의 9가지 균주에 감염된 사람을 다 합쳐도 100만~200만 명에 불과하다고 추정된다. HIV-2가 사람 세포를 감염하는 방식을 자세히 조사한 연구자들은 왜 그렇게 제대로 못하는지를 설명할 만한 몇 가지 가설을 내놓았다. 한 예로, 새 HIV-2 바이러스가 세포를 탈출할 준비가 되었을 때 세포는 테터린(tetherin)이라는 올가미 같은 단백질을 만들며, 이 단백질은 바이러스를 옭아매서 탈출하지 못하게 막는다.

HIV-1은 사람의 바이러스로서 그보다 훨씬 더 성공을 거두었지만, 그 기원을 밝히는 데는 훨씬 더 오래 걸렸다. 1999년 침팬지 연구자들은 HIV-2보다 모든 HIV-1 균주와 유연관계가 더 가까운 새 SIV를 발견했다. 이 균주에는 SIVcpz라는 이름이 붙었다. 연구진은 SIVcpz 균주를 더 많이 발견하면서, 그것들이 각각 다른 원숭이에게 감염되는 SIV의 서로 다른 세 균주가 뒤섞임으로써 진화했다는 것을 알아냈다. 침팬지는 원숭이를 사냥해 먹으면서 이 바이러스에 감염되었을 가능성이 높다. 수백만 년 동안 SIVcpz는 침팬지 사이에서 전파되면서 중앙아프리카 전역에서 다양한 균주로 진화했다.

과학자들은 SIVcpz가 네 번에 걸쳐서 HIV-1로 진화했다는 것을 밝혀냈다. 두 번은 침팬지에게서 사람으로 곧바로 넘어왔다. 나머지 두 번은 고릴라를 거쳐서 사람에게로 전파되었다. 그중 세 번은 드문 유형의 HIV-1 균주만을 낳았다. 그러나 네 번째 도약—카메룬에 사는 침팬지에게서 유래한—은 HIV-1 M 그룹이라는 바이러스 계통을 낳았다. 현재 HIV-1 감염자의 90퍼센트는 M 그룹에 감염되어 있다. M은 주류(main)를 뜻한다.

HIV-1 M 그룹은 HIV의 다른 유형들보다 사람에게 기생하는 데 더 성공을 거두어왔다. 과학자들은 이 성공이 어느 정도는 테터린과의 상호작용과 관련이 있다고 추정한다. 다른 HIV 균주와 달리, 이 균주는 이 분자 올가미를 자르는 능력을 갖추는 쪽으로 진화했다. 그래서 우리 세포에서 더 쉽게 탈출할 수 있다.

　과학자들이 HIV를 발견한 것은 1980년대였지만, 그들은 이런 도약이 훨씬 더 이전에 일어났다고 추정했다. 정확히 언제 일어났는지를 알아내고자, 과학자들은 HIV가 발견되기 훨씬 이전에 여러 환자들에게서 채취한 혈액과 조직 표본에도 HIV가 들어 있는지를 조사했다. 1998년 록펠러 대학교의 데이비드 호(David Ho) 연구진은 1959년에 채취된 표본에서 HIV-1 M 그룹을 발견했다. 아프리카 자이레(지금의 콩고민주공화국)의 수도인 킨샤사의 한 환자에게서 채취한 것이었다. 2008년 애리조나 대학교의 마이클 오로베이(Michael Worobey) 연구진은 1960년에 채취한 킨샤사의 다른 병리학 조직 표본에서 HIV-1 M 그룹을 찾아냈다.

　더 이전까지 거슬러 올라가기 위해서, 과학자들은 HIV 유전자에 담긴 역사를 추출했다. 바이러스가 복제될 때 시계처럼 일정한 속도로 돌연변이가 쌓인다. 마치 모래시계의 모래가 점점 쌓이는 것과 비슷하다. 이 유전적 모래 더미의 높이를 재면 시간이 얼마나 많이 지났는지를 추정할 수 있다. 과학자들은 이 방법을 써서 두 킨샤사 표본에 들어 있는 HIV-1 M 그룹이 1900년대 초에 기원했음을 알아냈다.

　이 모든 증거들은 HIV-1이, 아니 HIV-1들이 어떻게 시작되었는지를 가리키고 있다. 수백 년 동안 카메룬의 사냥꾼들은 고기를 얻기 위해서 침팬지와 고릴라를 잡았다. 그러면서 이따금 그 유인원들로부터 SIVcpz에 감염되곤 했다. 하지만 이런 사냥꾼들은 20세기 이전까지 비교적 고립된 생활을 했기에, 바이러스에게는 더 이상 전파 경로를 찾을 수 없는 막다른 골목이었다. 또 면역계가 이 엉성하게 적응한 바이러스를 없앰으로써, SIVcpz 감염에서 회복된 사람도 있었을 것이다. 한편 숙주가 죽음으로써, 새 숙주를 찾지 못한 채 그대로 사라진 바이러스도 있었을 것이다.

1900년대 초에 아프리카는 큰 변화를 겪기 시작했고, SIV에게는 사람에게 전파될 새로운 기회가 열렸다. 강을 따라 상업이 활발해지면서 사람들은 작은 마을에서 도시로 옮겨갈 수 있었고, 바이러스도 지니고 갔다. 중앙아프리카의 식민지 정착촌들은 인구 1만 명 이상의 도시로 커지기 시작했고, 바이러스에게는 사람 사이에 직접 전파될 기회가 더욱 늘어났다. HIV-1 M 그룹은 오랫동안 사람에게 아주 드물게 존재하고 있었을지도 모른다. 그러다가 어느 시점에 사람 사이에 더 잘 전파될 수 있는 적응 형질을 얻었다. 또 다른 행운도 찾아왔다. 1900년대 중반에 그 바이러스는 어떤 식으로든 간에 킨샤사(당시에는 레오폴드빌)로 퍼졌다. 그리고 도시의 인구가 밀집된 슬럼가에서 빠르게 퍼져 나갔다. 감염자들은 강과 철도를 따라 그 도시에서

부터 브라자빌, 루붐바시, 키상가니 같은 아프리카 중부의 큰 도시들로 이동했다.

그로부터 몇 년 지나지 않아서 HIV-1 M 그룹은 아프리카 밖으로 진출했다. 가장 먼저 퍼진 곳은 아이티였다. 당시 콩고에서 일하고 있던 아이티인들이 콩고가 벨기에에서 독립한 뒤 고국으로 돌아갈 때 따라갔다. 그 뒤에 1970년대쯤에 아이티 출신 이민자나 미국 관광객을 통해 HIV는 미국에 들어왔을 수 있다. 그렇게 그 바이러스가 인간에게 자리를 잡은 지 약 40년이 흐른 뒤, 미국에 들어온 지 약 10년이 흐른 뒤 로스앤젤레스에서 5명이 기이한 폐렴 증세로 입원했다.

다시 말해 1983년 과학자들이 HIV를 인지할 즈음에, 그 바이러스는 이미 숨겨진 세계적인 재앙이 된 상태였다. 그리고 과학자들이 그 바이러스와 싸우는 일을 시작할 즈음에, HIV는 이미 훨씬 유리한 입장에 있었다. 연간 사망자 수는 1980~1990년대 내내 가파르게 증가했다. 일부 과학자들은 백신으로 그 바이러스를 곧 막을 수 있을 것이라고 예측했지만, 임상 시험이 잇달아 실패하면서 그 희망은 좌절되었다.

HIV의 물결을 저지하기까지는 여러 해 동안 힘겨운 싸움을 벌여야 했다. 공중 보건 당국은 주삿바늘의 이용을 제한하고 콘돔을 보급하는 등의 사회 정책들이 바이러스의 전파 속도를 늦출 수 있다는 것을 알아차렸다. 사람들의 행동을 바꾸는 것은 효과가 있음이 드러났다. 더 뒤에는 강력한 항HIV제가 발명되면서 그 싸움에 엄청난 기여를 했다. 현재 수백만 명이 면역세포에 침입하여 자신을 복제하는 HIV 능력을 방해하는 복합 약물을 투여하고 있다. 미국 같은 부유한 나라에서는 이런 약물 요법을 통해 오랫동안 비교적 건강하게 살아가는 환자들도 있다. 정부와 민간 기구가 이런 약물들을 더 가난한 나라들에도 보급함에 따라서, 그런 나라의 HIV 환자들도 수명이 늘어나고 있다. HIV 연간 사망자 수는 2005년에 250만 명으로 정점을 찍었다. 그 뒤로는 서서히 줄어들어 왔다. 2019년에는 69만 명이 사망했다.

이론상으로는 전 세계의 이 사망자 수를 0으로 줄일 수 있으며, 그 희망을 가장 잘 충족시켜줄 수단은 HIV 백신의 발명일 것이다. 일부 과학자들은 HIV가 발견된 직후부터 백신 개발에 뛰어들었다. 그러나 너무나 실망스러운 결과들이 되풀이해 나타났다. 배양하는 세포를 대상으로 한 실험에서는 유망해 보였던 백신들이 동물 실험에서는 별다른 효과를 보이지 않았다. 동물을 치료하지 못하는 백신이 사람에게 도움이 될 리가 없었다.

이렇게 실패가 거듭된 한 가지 이유는 HIV가 빠르게 돌연변이를 일으킨다는 것이다. 바이러스치고도 빠르다. 수백만 명의 몸속에서 한 세기 동안 복제를 되풀이했기에 HIV는 엄청난 유전자 다양성을 쌓아왔다. 한 HIV 균주에 효과가 있는 백신이 다른 균주에는 무용지물일 때도 흔하다. 물론 앞으로 모든 균주에 효과가 있는 백신이 개발될 가능성도 있다. 그러나 우리가 바이러스의 세계에 무지하다는 점이 HIV에 크나큰 이점을 제공했다는 점을 명심하자.

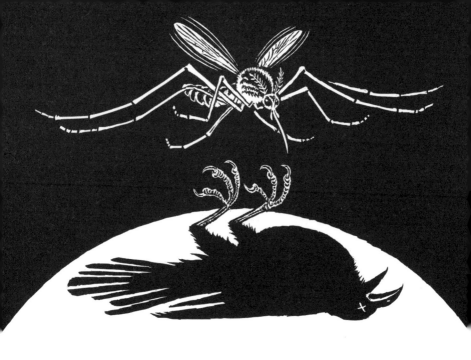

미국으로 진출하다

웨스트나일바이러스의 세계화

1999년 여름 까마귀들이 죽기 시작했다.

브롱크스 동물원의 수석 병리학자인 트레이시 맥나마라
(Tracey McNamara)의 눈에 땅에 떨어져 죽어 있는 까마귀들이 보
였다. 동물의 죽음과 질병을 오래 연구했기에, 그녀는 그것이
나쁜 징조임을 알아차렸다. 뉴욕시의 조류들 사이에 어떤 새로
운 치명적인 바이러스가 돌고 있는 것이 아닌지 걱정스러웠다.

까마귀가 바이러스에 걸렸다면, 동물원의 새들에게 옮길 수도 있었다.

노동절 주말에 그녀가 걱정한 최악의 상황이 현실이 되었다. 홍학 세 마리가 갑자기 죽은 것이다. 꿩, 흰머리수리, 가마우지도 한 마리씩 죽었다. 까치, 웃는갈매기, 청동날개오리는 여러 마리가 죽었고, 해오라기, 블리츠트라고판, 흰올빼미도 한 마리씩 죽는 등 동물원에서 감염병의 희생자들이 점점 늘어났다.

동물원 직원들은 죽은 새들을 계속 가져왔고, 맥나마라는 죽은 새들의 공통점을 알아내고자 부검을 했다. 모두 뇌에 출혈을 일으키는 감염병에 걸렸다는 동일한 징후를 보였다. 하지만 그녀는 어느 병원체가 원인인지 도무지 알 수 없었기에, 조직 표본을 국립 연구소에 보냈다. 연구소 과학자들은 여러 가능성을 열어두고서 어느 병원체인지 알기 위해 다양한 검사를 했다. 아무런 성과 없이 몇 주가 흘러갔다.

한편 뉴욕 퀸스 지역의 의사들도 심각한 걱정거리를 안고 있었다. 뇌염 환자가 우려할 만치 늘고 있었기 때문이다. 뇌염은 뇌에 염증이 생기는 병이다. 보통은 뉴욕시 전체에서 뇌염 환자는 연간 9명에 불과한데, 1999년 8월에는 퀸스 지역에서 한 주 사이에 무려 8명이 나왔다. 여름이 지나갈 무렵에는 더 많은 환자들이 나타났다. 마비가 일어날 정도로 열이 극심한 환자들도 있었다. 9월까지 9명이 사망했다. 첫 검사 때에는 세인트루이스뇌염이라는 바이러스 질병이라고 나왔지만, 후속 검사들은 그렇지 않다고 말하고 있었다.

의사들이 사람에게 발생한 이 유행병을 이해하기 위해 애쓰고 있을 때, 맥나마라는 마침내 자신을 괴롭히는 수수께끼의 해답에 도달했다. 아이오와의 국립 수의학 연구소는 그녀가 동물원에서 채취해 보낸 조류 조직 표본에서 바이러스를 배양하는 데 성공했다. 바이러스는 세인트루이스뇌염바이러스와 비슷했다. 그러자 맥나마라는 사람과 조류가 똑같은 병원체에 감염된 것이 아닐까 생각했다. 하지만 그 추측이 맞는지 알려면, 겉모습 차원을 떠나서 그 바이러스를 더 깊이 조사해야 했다.

그녀는 그 바이러스의 유전물질을 분석해보라고 질병 예방 통제 센터를 설득했다. 9월 22일 질병 예방 통제 센터의 연구자들은 조류가 세인트루이스뇌염으로 죽은 것이 아니라, 웨스트나일바이러스(West Nile virus)라는 낯선 병원체에 걸려서 죽었다는 사실을 알아내고서 깜짝 놀랐다. 1937년 우간다에서 발견된 웨스트나일바이러스는 아시아, 유럽, 아프리카 여러 지역에서 사람뿐 아니라 조류에게도 감염되는 바이러스였다. 그러나 맥나마라도 다른 연구자들도 브롱크스에서 그 바이러스가 발견되리라고는 전혀 예상하지 못했다. 지금까지 아메리카의 조류가 그 바이러스에 감염된 적은 한 번도 없었다.

한편 뉴욕에서 늘어나는 뇌염 환자로 당혹스러워하던 공중 보건 당국도 탐색 범위를 더 넓힐 때가 되었다고 판단했다. 질병 예방 통제 센터의 연구진과 어바인에 있는 캘리포니아 대학교의 이언 리프킨 연구진은 각자 사람에게 채취한 그 바이러스의 유전물질을 분석했다. 놀랍게도 웨스트나일바이러스임이 드러났다. 남북아메리카 어디에서도 지금까지 아무도 걸린 적이 없던 바이러스였다.

미국에서는 많은 바이러스가 많은 병을 일으킨다. 새로운 바이러스도 있고 오래된 바이러스도 있다. 약 1만 5000년 전에 인류가 처음 아메리카에 들어왔을 때, 유두종바이러스를 비롯

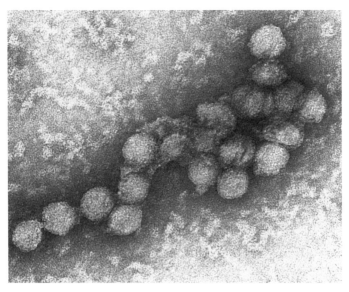

▌떠 있는 웨스트나일바이러스.

하여 많은 바이러스도 함께 들여왔다. 16세기에 유럽인은 아메리카에 새로운 감염의 물결을 일으켰다. 인플루엔자와 천연두 등 새로 유입된 바이러스로 아메리카 원주민 수백만 명이 목숨을 잃었다. 그 뒤로도 몇 세기에 걸쳐서 더 많은 바이러스가 유입되었다. HIV는 1970년대에 미국에 들어왔고, 20세기 말에는 웨스트나일바이러스가 가장 최신 이민자가 된 것이다. 미국에 유입된 웨스트나일바이러스는 새 지역에 아주 잘 정착했다. 미국에 들어온 지 20년 사이에 거의 모든 주로 퍼지면서 약 700만 명이 감염된 것으로 추정된다. 그중 2300명이 사망했고, 모든 징후들은 그 뒤로도 이 바이러스가 계속 번성하고 있음을 보여준다.

웨스트나일바이러스는 인플루엔자처럼 공기에 떠다니는 침방울로 전파되는 것도 아니고, HIV 같은 체액으로 전파되는 것도 아니다. 대신에 모기에 물려서 전파된다. 모기는 사람의 피부에 내려앉으면, 주사기 같은 입을 피부에 찔러 넣는다. 그리고 피를 빨기 전에, 먼저 침샘에서 분비되는 효소를 피부 속으로 주입한다. 모기가 웨스트나일바이러스에 감염되어 있다면, 이 병원체도 피부 속으로 주입된다.

일단 숙주인 사람의 몸속으로 들어오면, 웨스트나일바이러스는 피부 안을 돌아다니다가 면역세포와 마주친다. 대부분의 사람에게서는 이 만남이 감염의 종식을 의미한다. 웨스트나일바이러스에 감염된 사람의 약 80퍼센트는 아프다는 것조차 느끼지 못한다. 이렇게 증상이 없는 사람도 강력한 항체를 생성해서, 나중에 그 바이러스에 감염되면 금방 없앨 수 있다.

나머지 20퍼센트에게서는 감염된 웨스트나일바이러스가 그렇게 빨리 제거되지 않는다. 피부에서 이 바이러스를 제거할 것이라고 예상되는 면역세포는 오히려 이 바이러스에 감염된다. 그런 세포 중 일부는 림프절로 들어가고, 그곳에서 바이러스는 이 세포 저 세포로 전파될 수 있다. 감염된 세포들은 림프절 밖으로 나와서 온몸으로 퍼진다. 웨스트나일바이러스에 심하게 감염된 사람은 열, 두통, 쇠약, 욕지기를 겪을 수 있다. 이런 증상들은 대개 면역계가 마침내 감염원을 없애면서 사라지지만, 약 1퍼센트—대개 50세 이상—에게서는 바이러스가 뇌에까지 다다른다. 바이러스는 뉴런에 들어가서 뉴런을 죽일 수 있고, 면역계에 염증의 물결을 일으키도록 촉발함으로써 더욱 심한 증상이 나타날 수도 있다.

웨스트나일바이러스가 일부 사람에게서 온갖 피해를 일으킬 수 있긴 하지만, 인간 자체는 그 바이러스의 장기 생존에 중요한 존재가 아니다. 최악의 감염 증상을 겪는 사람조차도 무는 모기를 감염시킬 만큼 바이러스를 충분히 만들지 못한다. 다시 말해, 웨스트나일바이러스에게 우리는 막다른 골목이다. 개, 말, 다람쥐를 비롯한 많은 포유류 종들도 마찬가지다. 반면에 조류의 몸속에 들어가면, 모기에게 물린 지 며칠 사이에 수십억 마리로 불어날 수 있다.

웨스트나일바이러스의 역사를 재구성하기 위해, 과학자들은 HIV 같은 바이러스들을 대상으로 했던 것처럼 그 바이러스의 유전자를 분석했다. 이런 연구는 그 바이러스가 아프리카의 조류에게서 처음 진화했다고 시사한다. 조류는 나중에 이주하면서 그 바이러스를 다른 대륙들로 퍼뜨렸고, 타지에서 바이러스는 새로운 종에 감염될 수 있었다. 그 과정에서 웨스트나일바이러스는 사람도 감염시키곤 했다. 루마니아에서는 1996년에 이 감염병이 한 차례 유행하면서 9만 명이 감염되고, 17명이 사망했다. 이윽고 이런 지역의 사람들은 이 바이러스에 면역력을 띠게 되었다. 그 뒤로 이 감염병은 폭발적으로 대발생하는 대신에 더 조금씩 꾸준히 전파되는 양상을 보였다.

미국에 그토록 오랫동안 웨스트나일바이러스가 전파되지 않았다는 것이 놀랍다. 미국 전역에서 웨스트나일바이러스의 유전적 변이를 조사하니, 이 바이러스가 1998년에 처음 들어왔지만 몇 달 동안 드러나지 않다가 갑작스럽게 뉴욕에서 출현했음을 시사한다. 미국의 모든 웨스트나일바이러스 균주는 1998년 이스라엘에서 죽은 거위에서 찾아낸 것과 가장 비슷하다. 일부 과학자들은 애완동물 밀수꾼들이 감염된 새를 근동에서 뉴욕으로 들여왔을 것이라고 추정했다. 바이러스를 지닌 모기가 비행기에 실려 왔다고 추측하는 이들도 있다.

어느 동물을 통해 미국으로 왔든 간에, 웨스트나일바이러스
는 미국에 자신이 번성할 수 있게 해줄 새로운 숙주가 많다는
것을 알아차렸다. 그 바이러스는 미국 토종 모기 62종과 조류
300종에게서 발견되었다. 특히 개똥지빠귀와 참새 같은 몇몇
새들은 유달리 좋은 배양기 역할을 한다는 것이 드러났다. 조
류에서 모기로, 모기에서 조류로 옮겨가면서 웨스트나일바이
러스는 겨우 4년 사이에 미국 전역으로 퍼졌다. 그리고 미국에
서부터 곧 북쪽으로는 캐나다, 남쪽으로는 브라질과 콜롬비아
로 퍼졌다.

웨스트나일바이러스는 아메리카에 들어오자, 주기적인 양
상을 띠면서 자리를 잡았다. 봄에는 바이러스를 지닌 모기의
공격을 무력하게 받는 조류 새끼들이 깨어난다. 감염된 새의
비율은 여름 내내 증가하며, 그런 새들의 피를 빨면서 감염되
는 모기들도 늘어난다. 그런 모기들은 따뜻한 계절에 사람들이
실외에서 더 많은 시간을 보낼 때 물어서 웨스트나일바이러스
를 옮긴다.

가을에 기온이 떨어지면 미국의 많은 지역에서는 모기가
죽어 사라지면서 바이러스는 더 이상 퍼지지 않는다. 겨울에
그 바이러스가 어떻게 살아남는지 확실히 아는 사람은 아무도
없다. 날씨가 모기에게 그다지 혹독하지 않은 남쪽에서 그 곤

충 숙주의 몸에 존속할 가능성도 있다. 웨스트나일바이러스에 감염된 모기 알 형태로 살아남을 가능성도 있다. 감염된 알이 이듬해 봄에 부화할 때, 새로운 세대의 모기는 다시금 새들을 감염시킬 준비가 된다.

웨스트나일바이러스는 특유의 한살이 때문에 유달리 대처하기가 어렵다. 다른 바이러스들을 없앨 수 있는 수단들은 웨스트나일바이러스에는 무용지물이다. 손을 씻고 학교 문을 닫는 등의 조치는 독감 유행을 늦추는 데 도움을 줄 수 있다. 인플루엔자바이러스가 환자의 입과 코에서 나오는 미세한 물방울을 통해서만 새 숙주로 전달되기 때문이다. 반면에 웨스트나일바이러스는 굶주린 모기를 통해서 새 숙주로 능동적으로 전파된다. 일부 지역 사회는 모기 번식지에 살충제를 뿌림으로써 웨스트나일바이러스에 맞서려고 시도했지만, 이런 노력들은 모기를 완전히 없애지 못했고 환경에도 해를 끼쳤다.

웨스트나일바이러스를 없애기 어려운 또 한 가지 이유는 우리가 그 바이러스의 막다른 골목이기 때문이다. 사람유두종바이러스와 천연두 등 많은 바이러스 종은 우리 종에게 절묘하게 적응해 있으며, 다른 종에게 감염되면 생존할 수 없다. 그러나 웨스트나일바이러스는 많은 조류 종에게서 번성한다. 설령 사람 숙주에게 감염된 모든 웨스트나일바이러스를 없앨 수 있다고 할지라도, 수십억 마리의 조류로부터 모기를 거친 새로운 바이러스들이 우리에게 전파될 것이다.

환자에게는 안 된 일이지만, 감염된 웨스트나일바이러스를 없앨 수 있는 항바이러스제는 아직 전혀 없다. 게다가 사람에게 쓸 수 있도록 승인을 받은 백신도 전혀 없다. 웨스트나일바이러스가 미국에 처음 들어왔을 때, 몇몇 백신 제조사들은 임상 시험을 시작했다. 몇몇 백신은 안전하면서 항체를 만들수 있다는 것까지 보여주었다. 그러나 대규모 임상 시험을 하는 데 필요한 비용과 수요를 따지니 수지타산이 맞지 않으리라는 것이 드러났다. 말은 더 운이 좋았다. 수의사들은 말에게 효과가 있는 백신을 주사할 수 있다. 캘리포니아콘도르처럼 멸종위기 조류도 그 바이러스를 예방하는 백신 접종을 받곤 한다. 하지만 우리 인간은 여전히 기다려야 할 듯하다.

웨스트나일바이러스의 이야기는 그 뒤로도 두 차례 다시 펼쳐졌다. 2013년 치쿤구니야(chikungunya)라는, 모기가 옮기는 새로운 바이러스가 카리브해로 퍼졌다. 이 바이러스는 1952년 탄자니아에서 대발생하면서 처음 알려졌다. 이 명칭은 탄자니아 남부 키마콘데족 언어로 '구부러지다'라는 뜻이다. 환자가 관절 통증 때문에 구부정한 자세를 취하기 때문이다. 치쿤구니야바이러스가 아메리카에 어떻게 들어왔는지는 아무도 모른다. 바이러스에 감염된 여행자를 통해서 들어왔을 수도 있고, 모기가 비행기에 무임승차해서 들어왔을 수도 있다. 과학자들이 찾아낸 유일한 단서는 그 바이러스의 유전물질이다. 치쿤구니야의 카리브해 균주는 중국과 필리핀에서 전부터 유행하던 균주와 거의 동일하다. 그 바이러스가 어떤 식으로든 간에 지구 반대편으로 넘어온 것이다. 그리고 넘어오자 폭발적으로 불어났다. 들어온 첫해에 무려 감염자가 100만 명을 넘어섰다.

2년 뒤 새로운 바이러스가 브라질에 출현했다. 뇌의 발달이 심하게 덜 된 상태로 태어나는 신생아가 수백 명에 달하자, 의사들은 뭔가 있음을 알아차렸다. 조사하니 엄마들이 모기를 통해 옮겨지는 지카(Zika)라는 모호한 바이러스에 감염되어 있었다는 사실이 드러났다. 지카라는 이름은 우간다의 지카숲에서 따왔다. 1947년 그곳의 원숭이에게서 그 바이러스가 처음 발견되었다. 이듬해에 과학자들은 같은 숲의 모기에게서도 그 바이러스를 발견했다. 그 뒤로 수십 년 동안 지카는 동아프리카에서 산발적으로 사람들에게 열병을 일으키곤 하다가 첫 대발생을 일으켰다. 우간다에서가 아니라 수천 킬로미터 떨어진 태평양의 야프섬에서였다. 그 뒤에 지카는 아시아의 여러 나라로 퍼졌다. 2014년 인도네시아 어린이들을 조사했더니 9퍼센트가 지카바이러스의 항체를 지니고 있음이 드러났다.

2015년 지카는 마침내 아메리카로 유입되었다. 먼저 브라질을 유린한 뒤, 모기 또는 성관계를 통해서 콜롬비아와 멕시코 같은 나라로 전파되었다. 미국에서는 2016년 봄에 첫 환자가 나타났다. 이상하게도 지카바이러스는 북쪽으로 퍼지면서 출생 결함 위험이 줄어드는 듯했다. 2017년경에 지카 유행병은 잦아들고 있었다. 연구자들은 그 이유를 확실히는 모르지만, 많은 이들이 자신도 모르게 감염되어 면역력을 얻은 것처럼 보인다. 그러나 유행병이 수그러든 뒤에도 지카바이러스는 사라진 것이 아니었다. 남아메리카에서는 해마다 수천 명이 지카바이러스에 걸려서 앓으며, 과학자들은 조건이 맞으면 다시금 유행병이 대발생할 것이라고 예상한다.

아메리카에 들어온 웨스트나일바이러스를 비롯한 모기로 전파되는 바이러스들의 앞날은 밝아 보인다. 기후가 점점 더 따뜻해지고 있기 때문이다. 지난 20년 동안 미국 전역의 웨스트나일바이러스를 연구한 자료들은 기온이 높은 해일수록 그 바이러스가 더 번성한다는 것을 보여준다. 또 어떤 해에 비가 충분히 내린 지역에서는 모기가 더 빨리 더 많이 번식할 수 있다. 그런 해에는 바이러스도 곤충의 몸속에서 더 빨리 증식한다. 이산화탄소를 비롯한 온실가스들은 미국의 평균 기온을 높이고 있고, 기후과학자들은 앞으로 수십 년 동안 계속 높아질 것이며, 그에 따라 일부 지역은 더 습하고 날씨 변화도 더 잦아질 것이라고 내다본다. 기온이 증가하면 모기와 바이러스가 더 많이 불어날 뿐 아니라, 겨울이 따뜻해져서 모기가 더 북쪽까지 퍼져 나갈 수 있다. 웨스트나일바이러스가 새집에 잘 정착한 상황에서, 우리는 그 집을 더 살기 편하게 개량하고 있는 중이다.

팬데믹의 시대

코로나19에 놀랄 이유는 전혀 없다

리원량(李文亮)은 우한에 있는 한 병원의 안과의사였다. 우한은 중국 동부에 있는 한창 확장되고 있는 인구 1100만 명의 도시다. 2019년 12월 이 34세의 의사는 자기 병원에 중증 폐렴을 앓고 있는 환자 7명이 격리되어 있다는 것을 알았다. 모두 같은 생선 도매 시장에서 일하는 사람들이었다. 그것은 도시에 유행병이 돌고 있음을 시사했다. 지역 당국은 폐렴에 관해 침묵하고 있었지만, 리원량은 걱정이 되었다.

환자 7명의 증상—열, 밭은 기침, 물이 찬 허파—을 보니, 17년 전 중국을 휩쓴 질병이 떠올랐기 때문이다. 바로 코로나바이러스(coronavirus)라는 바이러스가 일으킨 중증급성호흡증후군(Severe Acute Respiratory Syndrome), 즉 사스(SARS)였다. 사람에게 감염되는 코로나바이러스는 대부분 가벼운 감기를 일으키는 반면, 사스는 감염자의 약 10퍼센트가 사망했다. 다행히도 사스의 유행은 격리 조치로 막을 수 있었고, 그 뒤로 그 바이러스는 다시는 모습을 보이지 않았다.

그런데 지금 우한에서 사스와 비슷한 증상을 보이는 환자들이 나타나고 있었다. 병원의 한 동료 의사는 리원량에게 환자 1명을 검사한 결과를 보여주었는데, 코로나바이러스에 감염되었다고 적혀 있었다. 리원량은 같은 우한 대학교 출신의 의사 동창들만으로 이루어진 한 소셜 미디어에 12월 30일에 조심하라는 글을 올렸다. 친구들과 그 가족들에게도 조심하라고 알렸다.

그런데 누군가가 그 메시지를 캡처했고, 곧 온라인에 널리 퍼졌다. 폐렴에 관한 소문이 며칠째 떠돌고 있었는데, 큰 병원의 한 의사가 소문이 맞다고 확인해준 셈이 된 것이다. 의학계 인사가 처음으로 우려를 표명한 것이었으니까.

나중에 그는 CNN의 기자에게 이렇게 말했다. "그저 대학

동창들에게 조심하라고 알리려 한 것뿐이었어요. 온라인에 떠도는 글을 읽었을 때 이미 상황은 내가 어찌할 수 없는 지경에 이르러 있었고, 아마 처벌을 받겠구나 하는 생각이 들었지요."

그 생각은 들어맞았다. 리원량은 병원 관리자에게 불려가서 환자의 상황을 어떻게 알게 되었는지 해명해야 했고, 1월 3일에는 경찰서에 불려가서 '사실이 아니고 법에 위배되는' 주장을 퍼뜨림으로써 '공공질서를 심하게 교란하는' 짓을 했다는 진술서에 서명을 해야 했다. 그는 더 이상 불법 행위를 저지르지 않겠다고 약속했다.

그런데 그때쯤 중국은 세계 보건 기구에 리원량이 퍼뜨렸다고 처벌을 받은 바로 그 정보를 제공하고 있었다. 하루하루가 지날수록, 우한 전역에서 폐렴 환자들이 점점 더 늘어났다. 병원으로 돌아온 뒤, 리원량은 더 이상 휘말리지 않으려고 애썼다. 며칠 뒤 그는 녹내장 환자를 진료했다. 환자는 눈만 빼고 건강해 보였고, 리원량은 진료할 때 별다른 예방 조치를 하지 않았다. 그런데 얼마 뒤 환자는 앓기 시작했고, 그의 가족들도 모두 감염되었다. 1월 10일, 리원량은 기침을 하기 시작했다. 그는 〈뉴욕 타임스〉에 이렇게 말했다. "부주의했지요."

곧 리원량은 스스로 호흡하기 힘들어질 지경이 되었다. 그는 입원했고 산소 호흡기를 달아야 했다. 리원량의 폐렴이 세균이 아니라 바이러스로 생긴 것이었기에, 항생제는 아무런 소용이 없었다. 의사들이 할 수 있는 일이라고는 그저 기다리면서 회복되기를 바라는 것뿐이었다. 34세의 건강한 남성이었으니, 그렇게 기대하는 것도 당연했다. 바이러스가 감염성이 아주 강했기에, 그는 엄격하게 격리된 상태로 있어야 했다. 임신한 아내와 네 살 아이는 화면을 통해서만 그와 대화를 나눌 수 있었다. 1월 말 〈더 타임스〉와 인터뷰를 할 때, 리원량은 자신이 회복될 것이라고 굳게 믿는다고 말했다. "아마 15일쯤이면 털고 일어날 겁니다. 의료진에 합류하여 유행병에 맞설 겁니다. 그것이 내 의무니까요."

일주일 뒤, 그는 숨을 거두었다. 곧 그 바이러스에는 사스-코브-2(SARS-CoV-2), 그 질병에는 코비드-19(COVID-19)라는 공식 명칭이 붙었다. 6월에 그의 아내가 출산을 할 무렵에 사스-코브-2는 지구 전체로 퍼져 있었다. 거의 800만 명이 그 바이러스 검사에서 양성으로 나왔고, 실제 감염자는 수천만 명이 넘을 가능성이 높았다. 공식 사망자 수는 43만 명이었지만, 실제로는 그보다 훨씬 많을 가능성이 높았다. 바이러스가 각국으로 퍼져 나가고 있는 상황에서, 전파를 늦추려면 사람들의 이동을 억제하는 것 외에는 거의 방법이 없었다. 그 결과 대공황 이래로 가장 심각한 경기 침체가 찾아왔다. 세계 경제는 조 달러 단위의 손실을 입었고, 수억 명이 빈곤 상태로 내몰렸다.

리원량 같은 의사들이 좀 더 일찍 경보를 울릴 수 있었다면,

이 세계적 재앙의 규모를 상당히 줄일 수도 있었을 것이다. 우리는 코로나19에 최초로 감염된 사람, 이 새 팬데믹의 0번 환자가 누구인지 결코 알지 못할 수도 있다. 그러나 우리는 이 최초의 영웅은 기억해야 한다.

코로나19는 많은 이들을 놀라게 했지만, 사실은 놀랄 이유가 없었다. 바이러스학자들은 수십 년 전부터 바이러스의 위협을 경고해왔다. 바이러스학자 스티븐 모스(Stephen Morse)는 1991년에 이렇게 썼다. "후천면역결핍증후군(에이즈)의 세계적인 유행은, 감염병이 현대 이전의 흔적이 아니라 일반적인 질병과 마찬가지로 우리가 생물 세계에서 살아가기 위해 치러야 하는 대가임을 잘 보여준다."

모스는 HIV가 침팬지 바이러스에서 진화한 뒤 세계적인 위협으로 등장하고 있을 때 이 경고를 발했다. 모스를 비롯한 바이러스학자들은 다른 동물 바이러스들도 종간 장벽을 넘을 수 있다고 경고했다. 리프트밸리열, 원숭이마마, 에볼라 등 그런 바이러스들의 이름은 1990년대에는 거의 바이러스학자들만 알고 있었다. 그런 바이러스들은 이따금 소수의 사람들을 감염시켜 끔찍한 결과를 빚어냈다가 동물 숙주에게로 돌아가곤 했다. 그러나 그중 하나가 조건이 딱 들어맞으면, 다음번 HIV, 다음번의 세계적인 독감이 될 수 있었다. 그리고 대규모 농사를 짓기 위해 우림을 벌목하고 야생 환경을 싹 제거함으로써 동물들이 사는 서식지에 압박을 가하면 가할수록, 그런 동물들의 몸에 사는 바이러스들이 우리에게 넘어올 가능성이 더 높아진다.

모스는 다음번 위협이 아직 이름조차 없는 바이러스로부터 올 수도 있다고 경고했다. "힘을 모아서 조사를 하지 않는다면, 바이러스는 우연히 발견되거나 거의 모든 사람바이러스 감염병처럼 이윽고 서구 세계 어딘가에서 극적인 질병 대발생을 일으킴으로써 발견되는 경향이 있다."

사스는 모스가 이 경고를 한 지 11년 뒤에 출현했다. 처음에, 그의 예언이 딱 들어맞는 듯이 보였다. 2002년 11월, 중국의 한 농민이 고열로 병원에 왔다가 곧 사망했다. 이어서 같은 지역의 주민들도 그 병을 앓기 시작했다. 그러나 전 세계가 그 병에 주목을 하게 된 것은 중국에 출장을 갔다가 돌아오던 미국 사업가가 싱가포르로 가던 비행기에서 열병이 나면서였다. 비행기는 하노이에 기착했고, 사업가는 그곳에서 사망했다. 곧 멀리 캐나다까지 포함하여 다른 나라들에서도 환자가 나타났다.

과학자들은 병의 원인을 찾기 위해서 사스 환자들에게 채취한 시료를 살펴보기 시작했다. 홍콩 대학교의 말릭 페이리스(Malik Peiris) 연구진이 사스 환자 50명을 조사하여 그중 2명에게서 동일한 바이러스를 발견했다. 연구진은 그 새 바이러스의 유전자 서열을 분석한 다음, 다른 환자들에게서도 일치하는 유전자가 있는지 조사했다. 45명에게서 일치하는 유전자가 발견되었다.

범인은 코로나바이러스였다. 표면에 뾰족한 모양의 단백질들이 왕관처럼 뻗어 나와 있어서 그런 이름이 붙었다. 1960년대에 그 바이러스를 처음 연구한 과학자들은 일식 때 태양 주위에서 보이는 코로나가 떠올라서 그 이름을 붙였다. 당시까지 알려진 사람의 코로나바이러스는 가벼운 감기만 일으켰기에, 치명적인 폐렴을 일으킬 수 있는 코로나바이러스가 발견되자 연구자들은 깜짝 놀랐다. 모스 연구진이 우려할 만한 바이러스의 목록을 내놓았을 때, 코로나바이러스는 끼지 못했는데 말이다.

그렇긴 해도, 사스는 모스 연구진이 예언한 바로 그런 양상으로 출현했다. 사스-코브(SARS-CoV)라고 불리게 된 그 바이러스의 기원을 추적하기 위해서, 과학자들은 HIV의 기원을 파악할 때 썼던 것과 동일한 접근법을 취했다. 그 바이러스의 계통수를 그린 뒤에, 동물들에게서 가까운 친척 바이러스가 있는지 찾아보는 것이었다. 그들은 사스-코브가 영장류가 아니라, 중국의 관박쥐에게서 유래했다는 것을 알아냈다.

사스-코브는 먼저 다른 동물을 거친 뒤에 사람에게 넘어왔을 가능성도 있다. 과학자들은 중국 동물 시장에서 흔히 보이는 사향고양이에게서도 그 바이러스를 찾아냈다. 그러나 사스-코브가 박쥐로부터 사람에게 직접 넘어왔을 가능성도 있다. 누군가가 감염된 박쥐를 먹었거나, 박쥐 배설물과 접촉함으로써 감염되었을 가능성도 있다. 어떤 경로를 통해 우리 종에게 전파되었든지 간에, 이 바이러스는 사람 사이에 퍼지는 데 딱 맞는 생물학적 특징을 지니고 있음이 드러났다.

다행히도, 사스에 감염된 이들은 열과 기침 같은 증상을 보이기 시작한 뒤에야 감염성을 띠었다. 환자가 증상을 보이자마자, 의사는 재빨리 환자를 격리함으로써 바이러스의 전파를 막을 수 있었다. 사스가 사라지기까지 환자는 약 8000명이 발생했고, 그중 900명이 사망했다. 평년의 독감 감염 상황과 비교하면, 사스의 피해가 최악은 아니었다. 그러나 과학자들은 사스가 관박쥐에서 유래했다면, 또다시 출현할 수 있다는 것을 잘 알았다.

10년 뒤 사우디아라비아에서 새로운 코로나바이러스가 출현했다. 2012년 사우디 각지 병원의 의사들은 몇몇 환자들이 알 수 없는 호흡기 질환을 앓고 있다는 사실을 알아차렸다. 사스와 비슷했지만 더 치명적이었다. 환자의 약 3분의 1이 죽어나갔다. 그 병은 중동호흡기증후군(Middle Eastern Respiratory Syndrome), 줄여서 메르스(MERS)라고 불리게 되었다. 곧 바이러스학자들은 발병 원인인 코로나바이러스를 분리했다. 사스-코브와 아주 가까운 친척이었다. 메르스-코브의 가장 가까운 친척들도 박쥐에게 있었다. 그러나 메르스의 사례에서는 중국이 아니라 아프리카에 사는 박쥐에게 있었다.

아프리카 박쥐가 어떻게 중동 유행병을 일으킬 수 있었는지는 명확한 답이 없는 질문이었다. 그러나 과학자들이 중동의 많은 이들이 생계 수단으로 삼고 있는 포유동물을 검사하자 중요한 새로운 단서가 나왔다. 바로 낙타였다. 과학자들은 낙타에게 메르스바이러스가 잔뜩 들어 있으며, 코에서 흐르는 점액에도 섞여 있다는 것을 알아냈다. 메르스의 기원을 설명하는 한 가지 가설은 박쥐가 북아프리카에서 낙타에게 그 바이러스를 옮겼다는 것이다. 북아프리카와 중동 사이에는 낙타를 이용한 대상이 오가면서 교역을 한다. 그러니 병든 낙타가 그 바이러스를 중동에 옮겼을 수도 있다.

과학자들이 메르스의 역사를 재구성했을 때, 그것이 사스보다 더욱 안 좋은 세계적인 유행병이 될 수도 있다고 우려할 만한 이유가 있었다. 해마다 200만 명이 넘는 무슬림이 하지라는 연례 순례를 하러 사우디아라비아로 온다. 메르스바이러스가 그 군중 사이에 빠르게 퍼졌다가, 순례자들이 각자 집으로 돌아가면서 전 세계로 퍼질 것이라고 상상하기는 어렵지 않았다. 그러나 아직까지 그런 일은 일어나지 않았다. 몇 달마다 수십 명씩 메르스 환자들이 왈칵 쏟아져 나오곤 한다. 이 바이러스는 지금까지 27개국에서 출현했으며, 2020년 11월 현재 총 2562명의 환자가 발생해서 881명이 목숨을 잃었다. 대발생은 대부분 병원에서 일어났다. 그래서 과학자들은 메르스가 면역

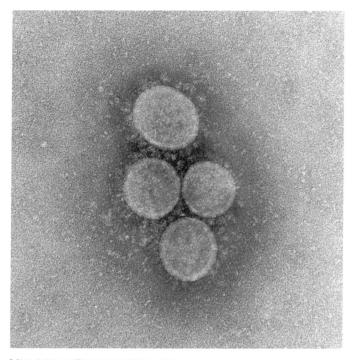

▌환자에게서 분리한 코로나19 바이러스 입자.

계가 약해진 사람들에게서만 침입에 성공하는 것이 아닐까 추측한다.

사스와 메르스가 무시무시하긴 했지만, 세계는 이윽고 안도했다. 그 바이러스들은 아주 많은 사람들에게 퍼지지 못했기 때문에, 세계가 우려한 일이 일어나지 않았다. 그러나 코로나19를 일으킨 코로나바이러스는 달랐다.

유전자를 분석하니, 사스-코브-2는 사스-코브의 가까운 친척임이 드러났다. 이 코로나바이러스들이 수백 년 전에 박쥐에게 감염된 공통 조상에서 유래했을 가능성도 있다. 수세기 동안 그들의 조상은 중국의 박쥐들 사이에 퍼져 있었다. 그들은 돌연변이를 일으키면서 하늘을 나는 숙주에 적응해갔다. 또 두 코로나바이러스가 한 동물에 침입했을 때 유전자들이 섞이면서 새로운 조합이 이루어지기도 했다. 그러나 과학자들이 중국 박쥐에게서 찾아낸 모든 코로나바이러스 중에서 사스-코브-2와 가장 유연관계가 가까운 균주도 이미 수십 년 전에 갈라져 나간 것들이었다. 그러니 코로나19 팬데믹의 기원 문제는 아직 수수께끼로 남아 있다.

사스-코브-2는 HIV와 인플루엔자 같은 바이러스들까지 굳이 말할 것도 없이, 코로나바이러스 사촌들과 동일한 기본 경로를 취했을 가능성이 높다. 2019년 중국에서 한 사람이 코로나바이러스에 걸렸다. 그 첫 사람 숙주는 우한에서 멀리 떨어진 곳에 있는 중국 농민이었을 수도 있다. 그 바이러스는 우리 숨길을 감염시키는 데 이미 아주 잘 적응되어 있었을 수도 있으며, 그 뒤에 박쥐 사이에 전파되는 대신에 사람 사이에 전파되는 쪽으로 서서히 적응했을 것이다. 그러다가 우한시에 다다르자, 복작거리면서 살아가고 일하는 수백만 명의 숙주를 접하게 되었다. 그곳에서는 감염된 1명이 수십 명을 감염시킬 수 있었다.

몇 가지 측면에서 사스-코브-2는 사스-코브와 똑같이 행동했다. 양쪽 코로나바이러스는 숨길 세포의 표면에 있는 동일한 단백질을 써서 침입한다. ACE2라는 단백질이다. 둘 다 면역계가 압도적이면서 파괴적인 반응을 일으키도록 촉발할 수 있다. 그러면 허파가 손상된다. 그러나 새 코로나바이러스는 몇 가지 중요한 차이점이 있었다. 우선 훨씬 덜 치명적이었다. 사스는 환자 10명 중 1명이 사망한 반면, 코로나19는 환자 200명 중 약 1명이 사망할 것이다. 그러나 사스에 걸린 사람과 달리, 코로나19에 걸린 사람은 증상이 나타나기 며칠 전부터 바이러스를 퍼뜨릴 수 있다. 게다가 코로나19 감염자의 5분의 1은 아무런 증상도 보이지 않는다. 그 결과 코로나19는 공중 보건 당국이 재앙이 닥쳤음을 깨닫기 한참 전에 이미 중국 전역과 다른 국가들로 퍼졌다. 그리고 일단 새로운 나라에 들어가서 자리를 잡은 뒤에는 17년 전 사스에 매우 효과가 있었던 전략들로는 억제하기가 불가능할 때가 많았다.

많은 이들은 감염된 지 몇 달 동안 코로나19에 걸렸다는 것조차 알아차리지 못하곤 했다. 면역계가 그 바이러스와 싸웠다는 것을 항체 검사를 받은 뒤에야 알곤 했다. 운 좋게도 거의 증상 없이 지나가는 이들도 있었지만, 며칠 또는 몇 주 동안 앓아눕는 이들도 있었다. 감염자의 약 20퍼센트는 입원해야 했다. 처음 코로나19를 접한 의사들은 그 바이러스가 익히 접했던 인플루엔자나 다른 호흡기 질환들과 전혀 다르다는 사실을 깨달았다. 그 바이러스는 허파를 망가뜨릴 수 있었고, 몸의 다른 부위들로도 퍼져서 심장 질환, 콩팥 장애, 혈액 응고를 통한 뇌졸중도 일으킬 수 있었다.

이 팬데믹은 나라마다 다른 진행 양상을 보였다. 주로 정부가 최악의 상황에 얼마나 대비를 하고 있느냐에 따라서 달라졌다. 예를 들어, 한국은 사스가 유행할 때도 그랬고 그 뒤에 병원에서 메르스가 대발생하면서도 심한 고생을 한 바 있었다. 그래서 정부는 코로나바이러스가 다시금 공격할 수도 있다는 것을 인식했다. 그리하여 보건 의료진을 위한 보호 장비를 구비했고, 바이러스가 사람 사이에 전파되는 양상을 추적할 수 있는 보건 전문가들도 양성했다. 2020년 1월 20일 첫 코로나19 확진자가 나오자, 당국은 즉시 단호한 조치를 취했다. 당국은 코로나19 감염 여부를 판단할 유전자 검사 기구를 개발했다. 사람들이 안전하게 검사를 받기 쉽도록, 차에 탄 채로 검사를 받는 방법도 창안했다. 차를 타고 검사소에 들어서면 방호복을 입은 검사 요원이 차를 향해 몸을 숙여서 코 안을 면봉으로 문질렀다. 또 교회가 감염자 집중 발생 지역이 되자, 방역 요원들을 파견하여 누가 누구와 접촉했는지 하나하나 추적했다. 2020년 말 기준으로, 한국은 감염자가 겨우 6만 명에 사망자는 900명에 불과했다.

미국도 같은 날 첫 확진자가 나왔지만, 그 뒤로 감염자와 사망자가 훨씬 많이 발생했다. 정부는 기존 사스-코브-2 검사법을 활용하는 대신에, 새로운 전용 검사법을 개발하는 쪽을 택했다. 그런데 몇 주에 걸쳐서 매우 무능하기 짝이 없는 관료주의적 단계들을 거친 끝에, 그 새 검사법에 결함이 있다는 사실이 밝혀졌다. 미국의 대학교들에 있는 첨단 생물학 연구실들은 제대로 작동하는 검사법을 쉽게 내놓을 수 있었겠지만, 정부는 모든 시도를 가로막았다. 1월과 2월까지 내내 미국에서는 어떤 검사도 거의 이루어지지 않았고, 그저 중국에서 오는 여행자들만 집중 감시하고 있었다. 트럼프 행정부는 즉시 중국 여행을 금지했지만, 대체로 무의미한 조치였다. 바이러스는 이미 여러 나라로 퍼진 상태였기 때문이다. 나중에 드러났지만, 뉴욕에 들어온 바이러스는 대부분 유럽에서 오고 있었다. 3월이 되자, 병원마다 코로나19 환자가 가득 찼다. 한국의 보건 의료 요원들과 달리, 미국의 보건 의료 요원들은 이 감염성이 강한 바이러스로부터 자신을 보호할 방역 장비를 구하지 못해서 안절부절못할 때가 많았다. 비닐봉지를 쓰고 일하는 이들도 있었다. 로스앤젤레스, 시애틀, 시카고, 디트로이트 등 전국의 도시들은 모두 우한이나 다름없는 상황에 처했다. 그해 말까지 뉴욕시의 사망자는 2만 5000명을 넘었다. 거의 같은 크기의 도시인 서울보다 1000배 넘게 많았다. 미국 전체로 보면, 2020년 말까지 1870만 명이 코로나19 양성으로 나왔고, 약 35만 명이 사망했다.

그러나 그해가 저물 무렵, 사람들은 희망을 볼 수 있었다. 백신이 등장하고 있었다. 코로나19 백신을 개발하려는 시도는 중국 과학자들이 사스-코브-2를 분리하여 유전체 서열을 알아낸 직후인 2020년 1월부터 시작되었다. 일부 연구자들은 화학물질로 코로나바이러스를 불활성화하는 전통적인 방식을 썼다. 조너스 소크(Jonas Salk)가 1950년대에 소아마비 백신을 개발할 때 쓴 것과 거의 같은 방식이었다. 한편 사람 세포가 바이러스 단백질을 만들도록 지시하는 RNA 분자를 만드는 것과 같은 더 새로운 방법을 쓰는 이들도 있었다. 11월에 자원자들을 대상으로 임상 시험이 시작되었고, 일부 백신이 코로나19를 막는 효과가 있음이 드러났다. 그리고 12월에 전 세계에서 대규모 백신 접종 계획이 시작되었다. 새 백신이 임상 시험을 통과하여 실제 병의원에서 쓰이기까지는 대개 10년 넘게 걸린다. 코로나19 이전까지 최단 백신 개발 기록은 볼거리 백신이었는데, 4년이 걸렸다. 과학자들은 팬데믹을 종식시키는 일을 시작하기 위해서 그 기록을 깼다.

우리는 인류를 위해서 이 경험을 통해 많은 것을 배워야 한다. 코로나바이러스 감염증은 더 나올 것이다. 코로나24, 코로나31, 코로나33도 나올 수 있다. 코로나바이러스는 사람에게 새로운 질병을 일으킬 수 있는 바이러스 집단 중 하나일 뿐이다. 그리고 바이러스학자들은 우리가 바이러스 세계의 다양성을 이제야 탐사하기 시작했다는 사실도 잘 알고 있다. 이 무지를 줄이기 위해서, 과학자들은 동물들을 조사하여 바이러스의 유전물질을 찾아내고 있다. 그러나 우리는 바이러스 행성에 살고 있으므로, 이 일은 규모가 엄청나다. 컬럼비아 대학교의 이언 리프킨 연구진은 뉴욕시에서 쥐 133마리를 잡아서 조사했는데, 사람의 병원체와 아주 가까운 바이러스 18종을 찾아냈다. 연구진은 방글라데시에서도 조사를 했는데, 인도날여우박쥐를 터전으로 삼는 바이러스를 모조리 찾아내고자 했다. 그들은 55종을 찾아냈는데, 그중 50종은 과학계에 처음 알려지는 것들이었다.

이렇게 새로 발견된 바이러스 중에서 무엇이 새로운 팬데믹을 일으킬지 우리는 예측할 수 없다. 그렇다고 해서 그냥 무시하고 지낼 수 있다는 뜻은 아니다. 대신에 우리는 계속 경계하면서 지켜보아야 한다. 그들이 우리 종에게로 뛰어넘어 올 기회를 얻기 전에 차단할 수 있도록 말이다.

영원히 안녕

천연두의 뒤늦은 망각

2021년 현재, 코로나19가 어떤 운명을 맞을지는 여전히 불분명하다. 수백만 명의 목숨을 앗아가면서 여전히 전 세계에서 사람들 사이에 퍼질까? 백신 접종에 힘입어서 감염자가 대폭 줄어들고, 걸려도 항바이러스제를 써서 가볍게 앓고 넘어가는 수준이 될까? 박쥐가 우글거리는 동굴을 피신처로 삼아서, 언젠가는 사스처럼 다시 돌아올 준비를 하고 있을까? 아니면 영구히 박멸하게 될까?

마지막 가능성이야말로 가장 희박하다. 역사를 되새겨보면 그렇다. 지금까지 의학이 자연에서 완전히 박멸하는 데 성공한 사람바이러스는 단 한 종뿐이다. 바로 천연두를 일으키는 바이러스다. 그러나 그 바이러스는 대단했다. 수천 년 동안 천연두는 지구의 다른 모든 질병을 합친 것보다도 더 많은 사람의 목숨을 앗아갔을 것이다.

천연두의 기원은 여전히 불분명하지만, 4세기에 중국 의사들은 그 병의 진행 과정을 꼼꼼하게 관찰하여 기록을 남겼다. 그 바이러스는 공기를 통해 퍼지며, 감염된 지 일주일 뒤에 오한, 타는 듯한 열, 끔찍한 통증이 나타나기 시작한다. 열은 며칠 지나면 가라앉지만, 바이러스는 일을 다 끝낸 것이 아니다. 붉은 반점이 입안에 생기고, 이어서 얼굴, 그다음에는 온몸으로 번진다. 반점은 고름이 차 있고 찌르는 듯이 아프다. 천연두에 감염된 사람 중 약 3분의 1은 결국 사망한다. 살아남은 사람은 온몸이 고름물집으로 생긴 딱지로 뒤덮이며, 이 물집은 깊이 파인 영구적인 흉터를 남긴다.

천연두의 가장 오래된 직접적인 증거는 7세기에 살았던 바이킹의 유골이다. 그들의 뼈에는 아직 그 바이러스의 유전자 조각들이 남아 있다. 그 뒤로 수백 년 동안 그 바이러스는 새로운 지역에 출현하여 대재앙을 일으키곤 했다. 1241년에는 아이

슬란드에 유입되자마자, 그 섬의 주민 7만 명 중 2만 명의 목숨을 앗아갔다. 1400년에서 1800년 사이에 천연두는 유럽에서만 한 세기마다 5억 명의 목숨을 앗아간 것으로 추정된다. 러시아의 표트르 2세, 영국의 메리 2세, 오스트리아의 요제프 1세 같은 통치자들도 희생되었다.

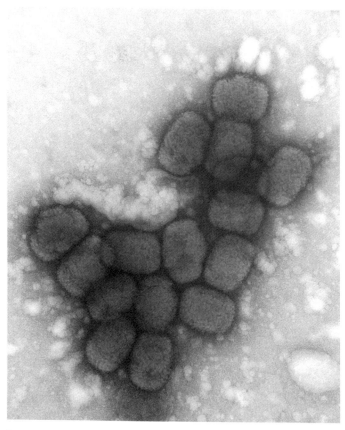

▌떠 있는 천연두바이러스.

아메리카 원주민들이 처음 그 바이러스에 노출된 것은 콜럼버스가 카리브해에 도착하면서였다. 유럽인들은 자신도 모르는 생물학적 무기를 지니고 있었고, 덕분에 그 침입자들은 상대보다 엄청나게 유리한 입장에 서 있었다. 천연두에 전혀 면역되어 있지 않기에, 아메리카 원주민들은 바이러스에 노출되자 떼죽음을 당했다. 중앙아메리카에서는 1500년대 초에 스페인 정복자들이 도착한 지 수십 년 사이에 원주민의 90퍼센트 이상이 죽었다고 추정된다.

천연두의 전파를 억제하는 효과적인 방법은 900년경에 중국에서 처음 나온 듯하다. 의사는 건강한 사람의 피부에 생채기를 낸 뒤 거기에 천연두 환자의 고름 딱지를 문질렀다. (때로는 흡입하는 가루 형태로 처방하기도 했다.) 마마 접종(variolation)이라는 이 과정을 거치면 대개 접종한 부위에 고름물집이 딱 하나 생겼다. 이윽고 고름물집에 생긴 딱지가 떨어지면, 마마 접종을 받은 사람은 천연두에 면역이 되었다.

적어도 그 방법은 어느 정도 효과가 있었다. 하지만 마마 접종으로 고름물집이 더 많이 생길 때도 꽤 있었고, 접종을 받은 사람 중 2퍼센트는 사망했다. 그래도 천연두가 기승을 부릴 때에는 사망률이 30퍼센트였으니, 사망 위험이 2퍼센트인 쪽이 더 나았다. 마마 접종은 아시아 전역으로 퍼졌고, 교역로를 따라 서쪽으로도 전파되어 1600년대에는 콘스탄티노플에서도 실시되었다. 효과가 있다는 소식이 유럽으로 전해지자, 유럽 의사들도 마마 접종을 시작했다. 종교인들은 끔찍한 천연두에서 누가 살아남을지는 오직 신에게 맡겨야 한다면서 마마 접종에 반대하기도 했다. 이런 의구심에 맞서 의사들은 공개 실험을 하기로 했다. 보스턴의 의사 잽디얼 보일스턴(Zabdiel Boylston)은 천연두가 유행하던 1721년 수백 명에게 공개 접종을 했다. 접종을 받은 사람은 그렇지 않은 사람보다 훨씬 더 많이 살아남았다. 독립 전쟁이 한창일 때, 조지 워싱턴은 "우리에게 닥칠 수 있는 가장 큰 재앙"이라고 부른 것으로부터 군대를 지키기 위해서 모든 병사들에게 마마 접종을 받으라고 지시했다.

당시에는 마마 접종이 왜 효과가 있는지 아무도 알지 못했다. 바이러스가 무엇인지도, 우리 면역계가 바이러스와 어떻게 싸우는지도 몰랐기 때문이다. 천연두 치료는 주로 시행착오를 통해 이루어졌다. 1700년대 말에 영국 의사 에드워드 제너(Edward Jenner)는 농가에서 소젖을 짜는 여성은 절대로 천연두에 걸리지 않는다는 말을 듣고 더 안전한 천연두 백신을 개발했다. 소는 천연두의 가까운 친척인 우두에 감염될 수 있으므로, 제너는 그것이 어떤 보호 효과를 일으키지 않을까 생각했다. 그는 새러 넬메스라는 소젖 짜는 여성의 손에서 고름을 채취하여 한 소년의 팔에 접종했다. 소년은 몸에 고름물집이 몇 개 생기긴 했지만, 그 밖의 증상은 전혀 나타나지 않았다. 6주

뒤 제너는 소년에게 마마 접종을 했다. 즉 이번에는 우두가 아니라 천연두에 소년을 노출시켰다. 고름물집이 전혀 생기지 않았다.

제너는 1798년 천연두를 예방하는 더 안전한 방법을 찾아냈다는 소식을 담은 소책자를 펴냈다. 그는 우두의 학명(Variolae vaccinae)을 따서, 그 방법을 '백신 접종(vaccination)'이라고 했다. 3년 사이에 영국에서 10만 명이 넘는 사람들이 천연두 백신 접종을 받았고, 백신 접종은 전 세계로 퍼졌다. 나중에 다른 과학자들은 제너의 기법을 빌려와서 다른 바이러스들의 백신도 개발했다. 젖 짜는 여성에 관한 소문으로부터 의학적 혁명이 일어난 것이다.

백신이 점점 인기를 끌자, 의사들이 백신을 구하지 못하는 상황이 발생했다. 처음에는 백신 접종을 받은 사람의 팔에 생긴 딱지를 떼어내어 다른 사람에게 접종을 했다. 하지만 우두는 유럽에서만 자연적으로 발생하고 있었기에, 다른 지역의 사람들은 제너가 썼던 그 바이러스 자체를 구하기가 쉽지 않았다. 1803년 스페인의 카를로스 4세는 혁신적인 해결책을 내놓았다. 아메리카와 아시아로 백신 원정대를 보내자는 것이었다. 당국은 스페인에서 고아 20명을 배에 태웠다. 그중 1명은 배가 출항하기 전에 백신 접종을 받았다. 8일 뒤 그 고아에게 고름물집이 생겼고, 이윽고 딱지가 내려앉았다. 그러자 그 딱지를 이

용해 다른 1명에게 백신 접종을 했다. 그런 식으로 백신 접종이 연쇄적으로 이루어졌다. 배가 이 항구 저 항구에 들를 때마다, 원정대는 고아들의 딱지를 이용하여 지역 주민들을 접종했다.

의사들은 1800년대 내내 천연두 백신을 보급할 더 나은 방법을 찾으려 노력했다. 우두를 반복하여 감염시킴으로써 송아지를 백신 공장으로 전환시킨 이들도 있었다. 그 과정에서 우두는 아주 가까운 친척인 마두(horsepox)와 섞이기도 했다. 1900년대 초에 바이러스의 특성이 밝혀짐에 따라서, 연구자들은 송아지 대신에 배양하는 세포를 이용하여 백신을 만들기 시작했다. 이제 순도까지 보증된 백신을 대량으로 제조할 수 있었다. 각국은 박멸 운동을 시작할 수 있을 만큼 충분한 백신을 주문할 수 있었다. 그러나 박멸 시도는 느리고 산발적으로 이루어졌다. 20세기에도 천연두로 죽은 사람이 3억 명에 달하는 것으로 추정된다.

1950년대에 마침내 세계 보건 기구는 전 세계가 힘을 모으면 천연두를 지구에서 없앨 수 있지 않을까 생각하기 시작했다. 이 박멸 운동을 주장하는 쪽은 천연두바이러스의 생물학적 특성을 논거로 삼았다. 웨스트나일바이러스나 인플루엔자와 달리, 천연두는 사람만 감염하며 다른 동물들은 감염하지 않는다. 따라서 모든 인류 집단에서 체계적으로 제거할 수 있다면, 그 바이러스가 돼지나 소나 오리에 숨어 있다가 다시 공격할 것이라고 걱정할 필요가 없다고 보았다. 게다가 천연두는 증상이 확연히 나타나는 질병이다. 여러 해가 지난 뒤에야 비로소 자신의 정체를 드러내곤 하는 HIV 같은 바이러스와 달리, 천연두는 감염된 지 며칠 사이에 자신이 지독한 존재임을 선포하고 나선다. 그래서 공중 보건 당국은 천연두가 발생한 시점과 전파 경로를 아주 정확히 추적할 수 있다.

하지만 천연두를 박멸한다는 생각 자체에 회의적인 이들도 있었다. 모든 일이 정확히 계획대로 진행된다고 해도, 박멸 계획에는 수많은 훈련된 인력이 필요할 터였다. 세계 곳곳으로, 심지어 위험한 오지까지 들어가서 백신 접종을 해야 할 테니까. 또 공중 보건 당국은 이미 말라리아 같은 질병을 박멸하려 시도했다가 실패를 거듭한 바 있었다. 천연두는 더 쉬울 것이라고 볼 이유가 어디 있단 말인가?

그러나 박멸 계획을 둘러싼 논쟁에서 회의론자들은 패배했고, 1965년 세계 보건 기구는 천연두 박멸 집중 사업(Intensified Smallpox Eradication Programme)을 시작했다. 공중 보건 당국은 일반 주사기보다 천연두 백신을 훨씬 더 효과적으로 접종할 수 있는 끝이 갈라진 형태의 새로운 주삿바늘을 썼다. 그 결과 전보다 백신 공급을 훨씬 더 늘릴 수 있었다. 또 공중 보건 당국은 지구의 모든 사람에게 백신 접종을 한다는 불가능한 목표에 다다를 필요가 없다는 것도 알아차렸다. 천연두가 새로 발생한 지역을 파악하여 신속하게 퇴치하는 조치를 취하기만 하면 되었다. 재빨리 감염자를 격리하고 주변 마을과 도시의 주민들에게 백신을 접종했다. 천연두는 산불처럼 퍼지곤 하지만, 백신 접종이라는 방화선에 막혀서 곧 꺼지곤 했다. 그 바이러스는 유행병을 거듭하여 일으켰고 그럴 때마다 퇴치되곤 했다. 그러다가 1977년 에티오피아에서 발병한 사례를 끝으로 더 이상 나타나지 않았다. 세계는 이제 천연두로부터 해방되었다.

그 박멸 사업은 종식되었고, 그 뒤로 우리가 적어도 일부 병원체를 박멸할 수 있다는 증거 역할을 해왔다. 그 뒤를 이어서 몇 차례 그런 계획이 시도되었지만, 지금까지 박멸하는 데 성공한 또 다른 바이러스는 딱 하나뿐이다. 수세기 동안 우역바이러스(rinderpest virus)는 소 떼 전체로 번져서 소들을 모조리 죽임으로써 낙농업자와 소 농가에 치명적인 피해를 입혔다. 1900년대에 수의사들은 우역을 막기 위해 백신 접종 사업을 벌였지만, 그 바이러스를 박멸할 만큼 철저히 이루어진 적이 없었기에 우역은 되풀이하여 나타나곤 했다.

1980년대에 우역 전문가들은 대처 방식 자체를 재평가한 뒤, 그 바이러스를 영구히 없앨 새로운 계획을 수립했다. 1990년 백신 제조사는 가장 외진 곳에서 살아가는 유목 부족에게까지 인편으로 전달할 수 있는 값싸고 안정적인 우역 백신을 내놓았다. 1994년 식량 농업 기구(FAO)는 이 백신을 써서 세계적인 박멸 사업을 시작했다. 당국은 지역 농민들로부터 소가 병들었다는 소식을 접하면, 그 주변 지역까지 백신을 공급함으로써 건강한 소들이 감염되는 것을 막았다.

그렇게 하여 우역이 박멸된 국가가 점점 늘어났다. 그러나 이 사업은 전쟁 때문에 차질을 빚곤 했고, 바이러스는 우역이 사라졌던 땅으로 돌아오곤 했다. 이 사업의 책임자인 고든 스콧(Gordon Scott)은 1998년 논문에서 이렇게 물었다. "우역은 박멸될 가능성이 아주 높다. 그런데 왜 박멸되지 않고 있는 것일까? 주된 장애물은 '사람이 사람에게 하는 잔혹 행위'다." 그는 이렇게 결론지었다. "우역은 군사적 충돌과 대규모 난민 발생이라는 환경에서 번성한다."

그러나 스콧이 너무 비관적으로 생각했다는 것이 드러났다. 그가 그 암울한 예측을 한 지 겨우 3년 뒤인 2001년 수의사들은 마지막 우역 발생 사례를 보고했다. 케냐 메루산 국립공원의 야생 물소에게 나타난 사례였다. 식량 농업 기구는 또 다른 사례가 나타나는지 10년 동안 더 지켜보았다. 전혀 발생하지 않았기에, 2011년 식량 농업 기구는 우역이 박멸되었다고 선언했다.

다른 박멸 사업들은 거의 승리가 눈앞에 보일 만치 가까이 다가갔다가, 난항에 빠지곤 했다. 예를 들어, 소아마비는 예전에 전 세계를 위협하던 질병이었다. 해마다 수백만 명이 걸려서 몸이 마비가 되거나 호흡 보조 기구를 써야 했다. 그 뒤로 여러 해에 걸친 퇴치 노력 끝에, 그 바이러스는 세계의 많은 지역에서 사라졌다. 1988년에는 35만 명이 소아마비를 앓았다. 2019년에는 176명까지 줄었다. 1988년에 소아마비는 125개국의 풍토병이었다. 2019년에는 아프가니스탄과 파키스탄에서만 풍토병으로 남아 있었디. 그러나 이 두 나라에서는 다년간에 걸친 퇴치 노력에도 사라지지 않고 있다. 전쟁과 빈곤으로 백신 접종 사업이 차질이 빚어지곤 했다. 설상가상으로, 반정부 세력인 탈레반은 백신 사업을 위협으로 간주하고서 백신 접종 요원들을 조직적으로 암살했다. 소아마비가 다시 유행하도록 방치한다면, 아프가니스탄과 파키스탄 전역뿐 아니라 이웃 나라들로도 퍼질 것이고, 2030년 즈음에는 연간 20만 명씩 감염될 것으로 예상된다.

바이러스를 박멸하는 일을 시작하면서 우리는 온갖 기겁할 만한 방식으로 바이러스가 견뎌낼 수 있다는 것도 깨닫고 있다. 1900년대 말에 천연두 박멸을 담당한 이들이 전 세계를 돌면서 그 바이러스를 퇴치하고 있을 때, 과학자들은 연구실에서 연구하기 위해서 그 바이러스를 배양하고 있었다. 1980년 세계 보건 기구가 천연두 박멸을 공식 선언했을 때, 연구실 균주들은 아직 남아 있었다. 누군가가 실수로 바이러스를 풀어놓기만 하면, 박멸되지 않은 상태로 돌아갈 것이다.

세계 보건 기구는 모든 연구실의 균주를 결국에는 다 없애야 한다고 판단했다. 그러나 없애기 전까지, 과학자들은 엄격한 규정하에 그 바이러스를 연구할 수 있다. 현재 천연두 균주를 보관할 수 있는 승인을 받은 연구소는 두 곳뿐이다. 한 곳은 옛 소련의 시베리아 지역에 있는 노보시비르스크시에 있고, 또 한 곳은 미국 조지아주 애틀랜타에 있는 질병 예방 통제 센터다. 그 뒤로 30년 동안 천연두 연구자들은 세계 보건 기구의 감시하에 천연두 연구를 계속해왔다. 과학자들은 천연두를 생물학적으로 더 깊이 이해하고자, 실험동물의 유전자를 변형시켜서 천연두에 감염되도록 할 방법도 알아냈다. 그 바이러스의 유전체를 분석하고, 더 나은 백신을 개발하는 연구도 하고, 치료제로 유망해 보이는 약물도 찾아냈다. 그리고 그사이에 세계 보건 기구는 언제 그 바이러스를 영구 폐기할지를 놓고 논쟁을 벌였다.

일부 전문가들은 기다릴 이유가 전혀 없다고 주장했다. 천연두바이러스가 존재하는 한—아무리 세심하게 관리를 한다고 해도—탈출하여 수백만 명을 죽일 위험이 있다는 것이다. 더 나아가 테러리스트가 생물 무기로 쓰려고 시도할 수도 있다. 게다가 더 이상 천연두 백신 접종을 받는 사람이 없으므로, 세계 인류의 천연두 면역력이 줄어들고 있기에 위험은 더욱 커지고 있다.

반면에 천연두 균주를 보존해야 한다고 주장하는 과학자들도 있었다. 그들은 퇴치 사업이 완전히 성공을 거둔 것이 아닐 수도 있다고 지적했다. 1990년대에 소련에서 탈출한 망명자들은 정부가 천연두바이러스를 무기 형태로 만드는 연구소들을 세운 바 있다고 폭로했다. 미사일에 실어서 적지로 발사할 수 있는 형태로 만들었다는 것이다. 소련이 무너진 뒤, 그런 생물학전(戰) 연구소들은 버려졌다. 연구용 천연두바이러스들이 어떻게 되었는지는 아무도 모른다. 옛 소련의 바이러스학자들이 천연두를 다른 정부나 심지어 테러 집단에 팔았을 섬뜩한 가능성도 있다.

천연두 균주 폐기를 반대하는 이들은 새로 유행병이 발생할 가능성 —아무리 작은 규모로든 간에— 이 있으므로 그 바이러스를 더 연구해야 한다고 주장했다. 우리는 그 바이러스에 관해 아직 모르는 것이 아주 많다. 천연두는 오직 한 종, 즉 우리 인간만을 감염할 수 있다. 반면에 다른 모든 친척 바이러스들, 즉 오르토폭스바이러스(orthopox virus)는 서너 종을 감염할 수 있다. 천연두가 왜 그렇게 까다로운지는 아무도 모른다. 몇 년 뒤에 천연두가 다시금 출현한다면, 빠른 진단이 많은 목숨을 구할 수 있을 것이다. 첨단 검사법을 개발하려면, 과학자들은 천연두바이러스와 다른 오르토폭스바이러스를 확실하게 구별하는 방법을 알아내야 할 것이다. 그리고 그런 실험은 살아 있는 천연두바이러스가 있어야만 가능할 것이다. 또 과학자들은 그 바이러스가 있어야 더 나은 백신과 항바이러스제도 개발할 수 있을 것이다.

천연두를 둘러싼 논쟁은 명쾌한 결정이 내려지면서 해결된 것이 아니었다. 그저 그 문제를 향후로 미루었을 뿐이다. 그러나 견해 차이로 논쟁이 여러 해 동안 질질 이어지는 사이에, 기술 발전은 논쟁의 조건 자체를 바꾸었다.

1970년대에 공중 보건 당국이 천연두를 퇴치하고 있을 때, 유전학자들은 유전자의 서열을 읽는 방법을 개발했다. 1976년 그들은 MS2라는 박테리오파지의 유전물질 전체—유전체—를 읽는 데 성공했다. 최초로 서열이 완전히 밝혀진 최초의 유전체였다. 유전체를 처음으로 분석할 대상으로 바이러스를 고른 것은 결코 우연이 아니었다. 과학자들은 작은 규모로 시작하고자 했다. 사람의 유전체는 30억 개가 넘는 유전 '문자'로 이루어져 있는 반면, MS2의 유전체는 겨우 3569개의 문자로 이루어져 있었다. 약 100만 분의 1이었다.

그 뒤로 여러 해가 흐르는 사이에 과학자들은 다른 바이러스들의 유전체 서열도 읽어냈다. 1993년에는 천연두바이러스의 유전체도 해독했다. 과학자들은 그 유전체를 다른 바이러스들의 유전체와 비교하여, 천연두 단백질이 어떻게 작용하는지 몇 가지 단서를 얻을 수 있었다. 연구자들은 더 나아가서 전 세계에 천연두 균주들의 유전체 서열을 해독했는데, 균주 사이에 변이가 거의 없다는 것이 드러났다. 앞으로 천연두가 다시 발생할 때를 대비하는 데 유용한 단서였다.

유전체 서열 분석 기술의 발명은 또 다른 중요한 발전으로 이어질 길을 열었다. 염기를 원하는 대로 이어 붙여서 아예 유전자를 새로 합성할 수 있게 된 것이다. 과학자들은 처음에는 짧은 가닥만을 합성할 수 있었다. 그런데 그 초기 단계에서도 스토니브룩 대학교의 바이러스학자 에커드 위머(Eckerd Wimmer)는 바이러스의 유전체가 아주 작으므로, 그냥 전체를 다 합성할 수도 있을 것이라고 판단했다. 2002년 그의 연구진은 소아마비바이러스 유전체를 토대로 짧은 DNA 조각을 수천개 만들었다. 그런 뒤 효소를 써서 그 조각들을 죽 이어 붙였다. 그리고 그 DNA 분자를 주형으로 삼아서 상응하는 RNA 분자를 합성했다. 다시 말해, 소아마비바이러스 유전체 전체의 사본을 만든 것이다. 위머 연구진이 그 RNA를 염기와 효소가 들어있는 시험관에 넣자, 살아 있는 소아마비바이러스들이 저절로 합성되었다. 다시 말해, 아예 처음부터 새로 소아마비바이러스를 만드는 데 성공한 것이다.

위머는 과학자들이 이 새로운 능력을 토대로 인류를 도울수 있을 것이라고 주장했다. 바이러스의 유전체에서 원하는 부위만을 정확히 바꾼 새로운 바이러스를 만들어서 바이러스가 어떻게 작동하는지를 더 제대로 이해할 수 있다고 보았다. 또 바이러스의 유전체를 새로 써서 인류 건강에 가장 큰 위협이 되는 바이러스의 무해한 판본을 만들 수 있고, 그것을 새 백신으로 쓸 수 있을 것이라고 주장했다. 이윽고 위머는 합성 바이러스를 독감, 지카, 코로나19 등의 질병을 치료할 실험용 백신으로 개발하는 백신 회사를 공동으로 차렸다.

물론 위머의 기술이 악인의 손에 들어갈 수도 있고, 누군가가 바이러스를 제조하여 세상에 뿌릴 수도 있을 것이라고 우려하는 이들도 있었다. 그러나 그들조차도 처음에는 천연두바이러스가 합성될 것이라는 걱정은 그다지 하지 않았다. 천연두바이러스는 소아마비바이러스보다 DNA가 약 30배 더 많았기에, 합성하기가 무척 어려워 보였다. 천연두바이러스가 합성될 것이라는 우려는 SF소설에 가까워 보였다.

그런데 2018년에는 그 위험이 현실에 훨씬 더 가까워졌다. 앨버타 대학교의 바이러스학자 데이비드 에번스(David Evans) 연구진이 천연두바이러스의 무해한 사촌 중 하나인 마두를 합성하는 데 성공한 것이다. 그들은 위머의 연구 이래로 여러 해에 걸쳐서 발전한 강력한 유전학 도구들을 활용했다. 그들은 주문을 받아서 DNA를 합성해주는 회사에 마두 DNA의 긴 조각을 10개 합성해달라고 주문했다. 회사는 분자들을 합성하여 연구진에게 배송했다. 각 조각은 그 자체로는 무해했다. 에번스 연구진은 그 조각들을 모두 한 세포에 집어넣었다. 그러자 세포는 조각들을 이어서 하나의 DNA 조각으로 만들었다. 그 새 분자는 마두바이러스를 만들어낼 수 있었다.

에번스는 〈사이언스〉 기자에게 이렇게 말했다. "이런 일이 가능하다는 사실을 세계는 받아들여야 합니다." 그 일에 든 비용은 고작 10만 달러였다.

수천 년 동안 천연두에 시달리고 그 정체를 궁금해한 끝에, 우리는 마침내 그 바이러스를 이해하고 그 무자비한 파괴를 멈출 수 있었다. 그러나 천연두를 이해함으로써, 우리는 인류를 향한 위협으로서의 천연두를 완전히 박멸할 수는 결코 없으리라는 것도 깨달아왔다. 우리가 바이러스를 연구하여 얻은 지식이라는 형태로 천연두는 나름의 불멸성을 얻었으니까.

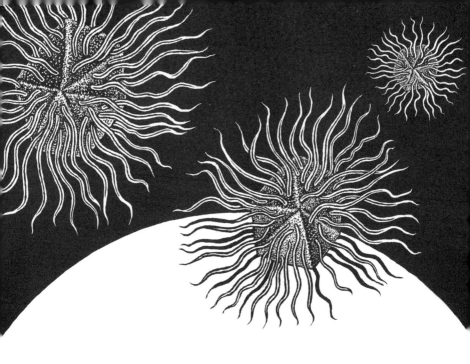

냉각기 속의 낯선 존재

거대 바이러스와 그것이 바이러스에 지닌 의미

지구에서 물이 있는 곳은 어디든 생명이 있다. 옐로스톤의 간헐천이든, 수정동굴의 물웅덩이든, 병원 옥상에 설치된 냉각탑이든 간에 마찬가지다.

1992년 티모시 로보섬(Timothy Rowbotham)이라는 미생물학자는 영국 브래드퍼드시의 한 병원 냉각탑에서 물을 채취했다. 현미경으로 살펴보니 그 물에는 생명이 가득했다. 아메바도 있었고 단세포 원생동물들도 있었다. 사람의 세포만 한 것들이었다. 그보다 약 100배 더 작은 세균도 있었다. 로보섬은 브래드퍼드 전역을 휩쓸고 있는 폐렴의 원인을 찾고 있었다. 그는 냉각탑 물에서 찾아낸 미생물 중에 원인균일 가능성이 높은 후보가 있다고 판단했다. 아메바 안에 자리한 세균 크기의 구형 물체였다. 로보섬은 새로운 세균을 발견했다고 여겼고, 자신이 사는 도시의 이름을 따서 브라드포르드코쿠스(*Bradfordcoccus*)라는 이름을 붙였다.

로보섬은 브라드포르드코쿠스를 이해하기 위해, 그것이 폐렴 발생의 범인인지 여부를 알아내기 위해 여러 해 동안 애썼다. 그는 그 생물의 유전자가 어떤 것인지 알아내기 위해서 다른 세균 종들의 유전자 중에 일치하는 것이 있는지 비교했다. 그러나 어떤 유전자와도 일치하지 않았다. 1998년 연구비가 삭감되면서 로보섬은 어쩔 수 없이 연구실 문을 닫아야 했다. 그때 그는 수수께끼 같은 브라드포르드코쿠스를 폐기하는 대신에, 프랑스인 동료들에게 보관해달라고 맡겼다.

브라드포르드코쿠스는 몇 년 동안 잊힌 채 방치되어 있었다. 그러던 중 지중해 대학교의 베르나르 라스콜라(Bernard La Scola)가 한번 살펴보겠다고 마음먹었다. 로보섬의 표본을 현미경으로 들여다보자마자 라스콜라는 무언가 이상하다는 점을 알아차렸다.

브라드포르드코쿠스는 구형 세균다운 매끄러운 표면을 갖고 있지 않았다. 대신에 여러 조각을 기워 만든 축구공과 더 비슷했다. 그리고 기하학적 모양의 외피에서 털 같은 단백질 가닥들이 사방으로 뻗어 나와 있었다. 자연에 그런 종류의 외피와 가닥을 지닌 것은 바이러스뿐이었다. 하지만 당시의 모든 미생물학자들처럼 라스콜라도 브라드포르드코쿠스만 한 것이 바이러스일 리가 없다는 사실을 잘 알고 있었다. 일반적인 바이러스보다 100배나 더 컸기 때문이다.

그러나 브라드포르드코쿠스는 정말로 바이러스임이 드러났다. 라스콜라 연구진이 더 자세히 조사하니, 그것이 아메바에 침입한 뒤 아메바에게 자신의 사본들을 만들게 함으로써 증식한다는 것이 드러났다. 그런 식으로 증식하는 것은 바이러스밖에 없다. 라스콜라 연구진은 브라드포르드코쿠스에 바이러스의 특성을 반영한 새 이름을 붙였다. 그들은 그것에 미미바이러스(mimivirus)라는 이름을 붙였다. 세균을 흉내 내는(mimic) 능력을 존중한다는 의미도 담겨 있었다.

이어서 그들은 미미바이러스의 유전자를 분석하는 일을 시작했다. 로보섬은 세균의 유전자들을 검색하여 일치하는 것을 찾으려 하다가 실패했다. 프랑스 과학자들은 더 운이 좋았다. 미미바이러스는 바이러스의 유전자를 지닌다는 것이 드러났다. 그것도 아주 많이 지니고 있었다. 미미바이러스가 발견되기 전까지 과학자들은 바이러스가 지닌 유전자가 겨우 몇 개에 불과하다는 생각에 익숙해져 있었다. 그런데 미미바이러스는 무려 1018개의 유전자를 지니고 있었다. 마치 누군가가 인플루엔자, 일반 감기 바이러스, 천연두바이러스를 비롯하여 100가지 바이러스의 유전체를 모아서 한 단백질 외피 안에 쑤셔 넣은 듯했다. 심지어 미미바이러스는 일부 세균 종보다도 더 많은 유전자를 지니고 있었다. 크기와 유전자 양쪽으로 미미바이러스는 바이러스의 기본 법칙을 깼다.

라스콜라 연구진은 2003년에 이 놀라운 미미바이러스를 학

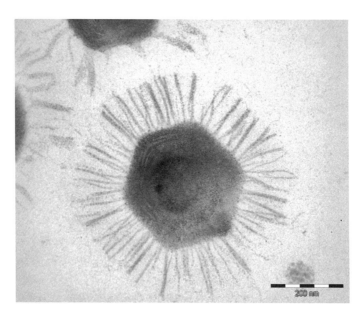

| 미미바이러스, 알려진 바이러스 중 가장 큰 것 중 하나.

계에 보고했다. 그들은 이 바이러스가 유일한 존재인지 궁금해했다. 평범한 곳에 숨어 있는 다른 거대 바이러스들이 더 있지 않을까? 그들은 프랑스 곳곳의 냉각탑에서 물을 채집해서, 거기에 아메바를 집어넣었다. 아메바를 감염시킬 무언가가 물에 들어 있는지 알아보기 위해서였다. 곧 아메바는 터지면서 거대 바이러스들을 쏟아냈다.

그런데 쏟아져 나온 것은 미미바이러스가 아니었다. 다른 종이었다. 이 종은 유전자를 1059개 지니고 있었기에, 바이러스의 유전체 크기 최고 기록을 갱신했다. 새 바이러스는 모습은 미미바이러스와 매우 비슷했지만, 유전체는 근본적으로 달랐다. 새 바이러스의 유전자를 미미바이러스의 것과 비교하니, 833개만 일치했다. 나머지 226개는 독특했다. 이제 다른 연구자들도 거대 바이러스 사냥에 합류했고, 그들은 곳곳에서 거대 바이러스를 찾아내기 시작했다. 거대 바이러스는 강에도, 바다에도, 남극대륙의 얼음 밑에 있는 호수에도 있었다. 과학자들은 칠레 앞바다의 해저에서 유전자가 2556개인 거대 바이러스도 발견했다. 현재는 이 종이 바이러스 유전체 최고 기록을 지니고 있다.

과학자들은 동물의 몸속에도 거대 바이러스가 숨어 있다는 것을 알아차리기 시작했다. 라스콜라 연구진은 브라질 과학자들과 공동으로 포유류의 혈청을 조사했다. 그들은 원숭이와

소에게서 거대 바이러스에 맞서는 항체를 찾아냈다. 또 연구진은 폐렴에 걸린 환자를 비롯하여, 사람에게서도 거대 바이러스를 찾아냈다. 그러나 거대 바이러스가 우리 건강에 어떤 역할을 하는지는 아직 불분명하다. 우리 세포에 직접 감염되는 것일 수도 있고, 우리 몸에 침입하는 아메바에 무해한 상태로 숨어 있는 것일 수도 있다.

거대 바이러스의 이야기는 지금까지 우리가 탐사한 바이러스의 세계가 극히 일부에 불과하다는 점을 잘 보여준다. 그리고 오랫동안 이어진 한 논쟁에 새로운 시각을 부여한다. 바이러스란 정확히 무엇일까?

과학자들은 바이러스의 분자 조성을 파악하는 일에 나서자마자, 바이러스가 우리에게 친숙한 세포를 지닌 생명체와 근본적으로 다르다는 사실을 알아차렸다. 웬델 스탠리는 1935년 담배모자이크바이러스의 결정을 만듦으로써, 생물과 무생물의 산뜻한 구분을 모호하게 만들었다. 그의 바이러스는 결정 형태일 때 얼음이나 다이아몬드처럼 행동했다. 그러나 담배식물에 들어가면, 여느 생물처럼 증식했다.

그 뒤에 바이러스의 분자생물학이 등장하자, 많은 과학자들은 바이러스가 생물과 비슷할 뿐, 진정으로 살아 있는 것은 아니라는 판단을 내렸다. 과학자들이 조사한 바이러스는 모두 유전자가 몇 개에 불과했기에, 유전학적으로 세균과 엄청난 격차가 있었다. 바이러스는 이 몇 개의 유전자를 써서 새 바이러스를 만드는 데 필요한 가장 기본적인 일을 수행할 수 있었다. 세포에 침입하여 자신의 유전자를 세포의 생화학 공장에 슬쩍 끼워 넣었다. 온전한 생명 활동에 필요한 다른 모든 유전자들은 빠져 있었다. 예를 들어, 과학자들은 바이러스에서 RNA를 써서 단백질을 합성하는 분자 공장인 리보솜을 만드는 데 필요한 유전자 명령문을 전혀 찾을 수 없었다. 게다가 바이러스는 증식하기 위해서 먹이를 분해하는 일을 하는 효소의 유전자도 지니고 있지 않다. 다시 말해, 바이러스는 진정으로 살아 있기 위해서 필요한 유전 정보의 대부분을 지니고 있지 않은 듯했다.

그러나 이론상 바이러스는 그 정보를 얻어서 진정으로 살아 있는 존재가 될 수도 있다. 아무튼 바이러스는 변하지 않는 무언가가 아니다. 우연히 돌연변이가 일어나서 특정 유전자가 중복되어 존재하기도 한다. 그 여분의 사본은 나중에 새로운 기능을 획득할 수도 있다. 또 한 바이러스가 우연히 다른 바이러스나 숙주세포의 유전자를 습득할 수도 있다. 그런 일이 계속된다면 바이러스의 유전체는 커져서 이윽고 먹고, 성장하고, 분열하는 능력을 갖출 수도 있을 것이다.

바이러스가 나름의 생명을 갖추는 쪽으로 진화할 수도 있다고 상상하는 것은 가능하지만, 과학자들은 그 길을 가로막는 거대한 장벽이 있음을 알았다. 커다란 유전체를 지닌 생물은 그 유전체를 정확히 복제할 방법을 지녀야 한다. 유전체가 클수록 위험한 돌연변이가 일어날 확률도 커진다. 우리는 오류를 교정하는 효소를 만들어서 거대한 유전체를 이 위험으로부터 보호한다. 다른 동물, 식물, 균류, 원생동물, 세균도 마찬가지다. 반면에 바이러스는 수선 효소가 전혀 없다. 그 결과 바이러스는 우리보다 복제 오류율이 엄청나게 높다. 1000배가 넘기도 한다.

바이러스의 높은 돌연변이율은 유전체의 크기를 제한할 수도 있다. 그래서 진정으로 살아 있지 못하게 막을지도 모른다. 바이러스의 유전체가 너무 커진다면, 치명적인 돌연변이가 일어날 가능성이 더 높다. 따라서 바이러스는 작은 유전체를 선호하는 쪽으로 자연선택이 일어날 수도 있다. 실제로 그렇다면, 바이러스는 원료 성분을 새로운 유전자와 단백질로 전환시키도록 해줄 유전자를 지닐 여력이 없을 수도 있다. 성장할 수도 없다. 노폐물을 배출할 수도 없다. 열기와 추위에 맞서 자신을 지킬 수도 없다. 둘로 나뉘어서 번식할 수도 없다.

이 모든 '없음'이 모여서 하나의 거대한 지독한 '없음'이 되었다. 즉 바이러스는 살아 있는 것이 아니었다.

"생물은 세포로 이루어진다"라고 미생물학자 앙드레 르보프(Andre Lwoff)는 1967년 노벨상 수상 연설에서 선언했다. 세포가 없기에 바이러스는 진정으로 살아 있는 세포의 안에서 복제되는 데 알맞은 화학을 어찌어찌하여 지니게 된 벌거벗은 유전물질에 불과하다고 여겨졌다. 2000년에 국제 바이러스 분류 위원회는 이 판단을 공식화했다. "바이러스는 살아 있는 생물이 아니다"라고 딱 잘라 선언했다.

위원회는 바이러스와 생물 세계를 딱 부러지게 나누는 선을 긋고 있었다. 그러나 몇 년 지나지 않아 거대 바이러스가 발견되면서 그 선은 흐릿해졌다. 작은 유전체가 바이러스의 증표 중 하나라면, 거대 바이러스를 과연 바이러스라고 볼 수 있는지 자체가 불분명해진다. 과학자들은 거대 바이러스가 이 모든 유전자로 무엇을 하는지 알지 못하지만, 생물과 좀 비슷한 활동을 한다고 추측하는 이들도 있다. 거대 바이러스에 들어 있는 몇몇 유전자는 DNA를 수선할 수 있는 효소를 만든다. 거대 바이러스는 이런 효소를 써서 한 숙주세포에서 다른 숙주세포로 옮겨갈 때 일어날 수도 있는 손상을 수선할지도 모른다. 많은 거대 바이러스는 단백질을 합성하는 효소의 유전자도 지닌다. 과학자들이 세포 생명체만이 수행할 수 있다고 생각하는 바로 그런 일을 하는 효소다. 거대 바이러스가 이 단백질 합성 효소들을 숙주에 쏟아내어서 대사를 새로운 방향으로 이끄는 것일 수도 있다. 바이러스에게 혜택이 돌아가는 방향으로.

그리고 거대 바이러스는 아메바에 침입하면 용해되어 분자 구름으로 흩어지는 것이 아니다. 대신에 바이러스 공장이라는 복잡한 큰 구조물을 설치한다. 바이러스 공장은 한 입구를 통해 원료를 공급받고 다른 두 출구를 통해 새로운 DNA와 단백질을 내놓는다. 거대 바이러스는 적어도 이런 생화학적 작업 중 일부를 자신의 유전자를 써서 수행할 수 있다.

다시 말해, 거대 바이러스의 바이러스 공장은 모습이나 활동이 놀라울 만치 세포와 비슷하다. 사실 세포와 너무나 비슷하기에, 라스콜라 연구진은 2008년에 그 공장 자체가 다른 바이러스에 감염될 수 있다는 것을 발견했다. 바이로파지(virophage)라는 이름이 붙은 이 새로운 유형의 바이러스는 바이러스 공장으로 스며들어서 거대 바이러스 대신에 바이로파지를 만들도록 속인다.

2019년까지 과학자들이 발견한 바이로파지는 10종류였다. 바이로파지는 남극대륙의 호수에서 양의 창자에 이르기까지 모든 곳에서 번성했으며, 앞으로 더 많이 발견될 것이다. 바이로파지는 단지 기생체의 기생체가 아니다. 세포 생명체를 병들게 하는 거대 바이러스를 죽임으로써 세포 생명체를 돕는다. 한 숙주세포가 거대 바이러스 감염으로 죽는다고 해도, 바이로파지는 다른 세포를 죽일 수 있는 바이러스의 수를 줄여줄 것이다. 과학자들은 바이로파지를 지닌 조류가 더 왕성하게 불어난다는 것을 알았다. 바이로파지가 거대 바이러스를 막아주기 때문일 가능성이 높다.

이런 연구들은 바이로파지와 세포의 관계가 내 적의 적은 내 친구임을 시사한다. 일부 숙주세포는 바이로파지가 자신의 유전자를 숙주의 DNA에 보관하도록 허용하기까지 한다. 그 바이로파지의 유전자는 거대 바이러스가 숙주세포에 침입할 때에만 활성을 띤다. 그 유전자들은 새롭게 바이로파지를 만들어서 침입자를 공격한다. 여기서 또 하나의 선이 흐릿해진다. 바이로파지는 그 자체가 바이러스일까, 아니면 숙주세포가 배치하는 무기일까? 어느 한쪽을 고르라고 하는 것 자체가 잘못되었을 수도 있다. 바이로파지와 숙주세포는 이해관계가 일치한다. 둘 다 자신의 이익을 위해서 거대 바이러스를 파괴하고자 한다.

자연에 선을 그어 경계를 나누는 일은 과학적으로 유용할 수 있지만, 생명 자체를 이해하려고 할 때 이 선은 인위적인 장벽이 될 수 있다. 바이러스가 다른 생물들과 어떻게 다른지를 파악하려고 애쓰기보다는, 바이러스와 다른 생물들이 어떻게 연속체를 이루는지를 생각하는 편이 더 유용할 수도 있다. 우리 인간은 포유동물과 바이러스의 분리할 수 없는 혼합물이다. 바이러스에서 유래한 유전자를 제거한다면, 우리는 자궁 속에서 죽을 것이다. 또 감염에 맞서 방어할 때에도 우리는 자신의 바이러스 DNA에 의지할 가능성이 높다. 우리가 들이마시는 산소 중 일부는 바다에 사는 바이러스와 세균의 혼합체를 통해 생산된다. 이 혼합체는 고정된 조합이 아니라, 끊임없이 변하는 유동체다. 바다는 숙주와 바이러스 사이를 오가는 유전자들의 살아 있는 연결망이다.

거대 바이러스가 통상적인 바이러스와 세포 생명 사이의 간격을 잇는 다리임에는 분명하지만, 그 모호한 위치에 어떻게 도달했는지는 아직 불분명하다. 일부 연구자들은 그들이 통상적인 바이러스에서 출발하여 숙주로부터 유전자를 훔쳐서 생겼다고 주장한다. 반면에 거대 바이러스가 세포 생명의 여명기부터 존재했다가 바이러스와 더 비슷한 형태로 진화했다고 주장하는 이들도 있다.

생물과 무생물 사이에 뚜렷한 선을 그으면 바이러스를 이해하는 일만 어려워지는 것이 아니다. 생명이 처음에 어떻게 시작되었는지를 이해하는 일도 더 어려워진다. 과학자들은 지금도 생명의 기원을 밝혀내려 애쓰고 있지만, 한 가지는 확실하다. 생명이 어떤 거대한 우주적인 전원 스위치가 켜지면서 갑자기 시작된 것이 아니라는 점이다. 생명은 초기 지구에서 당과 인산 같은 원료들이 점점 더 복잡한 반응을 거치면서 결합됨으로써 서서히 출현했을 가능성이 더 높다. 예를 들면 단일 가닥 분자인 RNA가 서서히 길어지면서 자신을 복제하는 능력을 획득했을 가능성도 있다. 그런 RNA 생명체가 갑자기 '살아 있는' 것이 되는 순간을 찾으려 애쓰다가는 우리가 아는 생명체가 점진적인 전이 과정을 통해 생겨났다는 점을 못 보게 된다.

RNA 세계에서 생명은 유전자들의 일시적인 연합체에 불과했을 수도 있다. 그 연합체는 때로는 번성하고, 때로는 기생체처럼 행동하는 유전자들에게 훼손되곤 했을 것이다. 이 원초적인 기생체 중 일부는 최초의 바이러스로 진화했을지도 모른다. 그 바이러스가 오늘날까지 계속 자신을 복제하면서 존속한 것일 수도 있다. 프랑스 바이러스학자인 패트릭 포르테르(Patrick Forterre)는 RNA 세계에서 바이러스가 자신의 유전자를 공격으로부터 보호하기 위해서 이중 가닥 DNA 분자를 발명했다고 주장했다. 이윽고 그들의 숙주도 DNA를 채택했고, 그 뒤에 그들이 세계를 정복했다는 것이다. 다시 말해 우리가 현재 알고 있는 생명은 처음부터 바이러스가 필요했을지도 모른다.

마침내 우리는 바이러스라는 단어가 본래 지닌 양면적인 의미로 돌아간다. 생명을 주는 물질이거나 치명적인 독이라는 의미로 말이다. 바이러스는 사실 절묘할 만치 치명적이지만, 몇 가지 가장 중요한 혁신을 세계에 제공해왔다. 여기서 다시금 창조와 파괴는 하나가 된다.

감사의 말

이 책은 국립 보건원의 국립 연구 자원 센터에서 주는 '과학 교육 동반자상(수상 번호 R25 RR024267, 2007-2012)'의 지원을 받았다. 주디 다이아몬드, 찰스 우드, 모이라 랭킨이 수석 연구원이었다. 이 책의 내용은 저자의 책임이며, 국립 보건원이나 국립 연구 자원 센터의 공식 견해를 반드시 대변하지는 않는다. 이 집필 계획에 조언을 한 많은 분들께 감사드린다. 아니사 앤절레티, 피터 앤절레티, 아론 브롤트, 루벤 도니스, 앤 다우너-헤이즐, 데이비드 더니건, 세드릭 페초트, 앤지 폭스, 맷 프리먼, 로리 개럿, 에드워드 홈스, 이와사키 아키코, 벤저민 데이비드지, 애리스 캐초래키스, 세이브라 클라인, 유진 쿠닌, 이언 리프킨, 이언 매카이, 그랜트 맥패든, 네이선 메이어, 파디스 새버티,

매슈 설리번, 애비 스미스, 개빈 스미스, 필립 스미스, 에이미 스피겔, 폴 터너, 데이비드 우탈, 제임스 L. 밴 이턴, 크리스틴 왓킨스, 조슈아 웨이츠, 윌리 윌슨, 네이선 울프, 마이클 워러비가 그렇다. 이 책이 나올 수 있게 해준 과학 교육 동반자상 담당자 토니 벡과 시카고 대학교 출판부 편집자 크리스티 헨리께 특히 고맙다는 말을 드리고 싶다.

참고 문헌

'전염성을 띤 살아 있는 액체'

Bos, L. 1999. Beijerinck's work on tobacco mosaic virus: Historical context and legacy. *Philosophical Transactions of the Royal Society B: Biological Sciences* 354:675.

Kay, L. E. 1986. W. M. Stanley's crystallization of the tobacco mosaic virus, 1930-1940. *Isis* 77:450-72.

Roossinck, M. J. 2016. *Virus: An illustrated guide to 101 incredible microbes.* Princeton, NJ: Princeton University Press.

Willner D., M. Furlan, M. Haynes, et al. 2009. Metagenomic analysis of respiratory tract DNA viral communities in cystic fibrosis and non-cystic fibrosis individuals. *PLoS ONE 4* (10):e7370.

별난 감기

Bartlett, N., P. Wark, and D. Knight, eds. 2019. *Rhinovirus infections: Rethinking the impact on human health and disease.* London:Elsevier.

Hemilä, H., J. Haukka, M. Alho, J. Vahtera, and M. Kivimäki. 2020. Zinc acetate lozenges for the treatment of the common cold: A randomised controlled trial. *BMJ Open* 10(1).

Jacobs, S. E., D. M. Lamson, K. S. George, and T. J. Walsh. 2013. Human rhinoviruses. *Clinical Microbiology Reviews* 26:135-62.

별에서 내려다보다

Barry, J. M. 2004. *The great influenza: The epic story of the deadliest plague in history.* New York: Viking.

Mena, I., M. I. Nelson, F. Quezada-Monroy, et al. 2016. Origins of the 2009 H1N1 influenza pandemic in swine in Mexico. *Elife* 5:e16777.

Neumann, G., and Y. Kawaoka, eds. 2020. *Influenza: The cutting edge.* Cold Spring Harbor, NY: Cold Spring Harbor Laboratory Press.

Taubenberger, J. K., J. C. Kash, and D. M. Morens. 2019. The 1918 influenza pandemic: 100 years of questions answered and unanswered. *Science Translational Medicine* 11:eaau5485.

뿔 난 토끼

Bravo, I. G., and M. Félez-Sánchez. 2015. Papillomaviruses: Viral evolution, cancer and evolutionary medicine. *Evolution, Medicine, and Public Health* 2015:32-51.

Chen, Z., R. DeSalle, M. Schiffman, et al. 2018. Niche adaptation and viral transmission of human papillomaviruses from archaic hominins to modern humans. *PLoS Pathogens* 14: e1007352.

Cohen, P. A., A. Jhingran, A. Oaknin, and L. Denny. 2019. Cervical cancer. *Lancet* 393:169-82.

Dilley, S., K. M. Miller, and W. K. Huh. 2020. Human papillomavirus vaccination: Ongoing challenges and future directions. *Gynecologic Oncology* 156:498-502.

Przybyszewska, J., A. Zlotogorski, and Y. Ramot. 2017. Reevaluation of epidermodysplasia verruciformis: Reconciling more than 90 years of debate. *Journal of the American Academy of Dermatology* 76:1161-75.

Weiss, R. A. 2016. Tumour-inducing viruses. *British Journal of Hospital Medicine* 77:565-68.

우리 적의 적

Kortright, K. E., B. K. Chan, J. L. Koff, and P. E. Turner. 2019. Phage therapy: A renewed approach to combat antibiotic-resistant bacteria. *Cell Host & Microbe* 25:219-32.

Summers, W. 1999. *Felix d'Herelle and the origins of molecular biology.* New Haven, CT: Yale University Press.

감염된 바다

Breitbart, M., C. Bonnain, K. Malki, and N. A. Sawaya. 2018. Phage puppet masters of the marine microbial realm. *Nature Microbiology* 3:754-66.

Keen, E. C. 2015. A century of phage research: Bacteriophages and the shaping of modern biology. *Bioessays* 37:6-9.

Koonin, E. V., and N. Yutin. 2020. The crAss-like phage group: How metagenomics reshaped the human virome. *Trends in Microbiology,* February 28. https://doi.org/10.1016/j.tim.2020.01.010.

Koonin, E. V., V. V. Dolja, M. Krupovic, et al. 2020. Global organization and proposed megataxonomy of the virus world. *Microbiology and Molecular Biology Reviews* 84(2).

Zhang, Y. Z., Y. M. Chen, W. Wang, X. C. Qin, and E. C. Holmes. 2019. Expanding the RNA virosphere by unbiased metagenomics. *Annual Review of Virology* 6:119-39.

우리 안의 기생체

Chuong E. B. 2018. The placenta goes viral: Retroviruses control gene expression in pregnancy. *PLoS Biology* 16:e3000028.

Dewannieux, M., F. Harper, A. Richaud, et al. 2006. Identification of an infectious progenitor for the multiple-copy HERV-K human endogenous retroelements. *Genome Research* 16:1548-56.

Frank, J. A., and C. Feschotte. 2017. Co-option of endogenous viral sequences for host cell function. Current Opinion in Virology 25:81-89.

Hayward, A. 2017. Origin of the retroviruses: When, where, and how? *Current Opinion in Virology* 25:23-27.

Johnson, W. E. 2019. Origins and evolutionary consequences of ancient endogenous retroviruses. *Nature Reviews Microbiology* 17:355-70.

Weiss, R. A. 2006. The discovery of endogenous retroviruses. *Retrovirology* 3:67.

새로운 천벌

Bell, S. M., and T. Bedford. 2017. Modern-day SIV viral diversity generated by extensive recombination and cross-species transmission. *PLoS Pathogens* 13:e1006466.

Burton, D. R. 2019. Advancing an HIV vaccine; advancing vaccinology. *Nature Reviews Immunology* 19:77-78.

Faria, N. R., A. Rambaut, M. A. Suchard, et al. 2014. The early spread and epidemic ignition of HIV-1 in human populations. *Science* 346:56-61.

Gilbert, M. T. P., A. Rambaut, G. Wlasiuk, T. J. Spira, A. E. Pitchenik, and M. Worobey. 2007. The emergence of HIV/AIDS in the Americas and beyond. *Proceedings of the National Academy of Sciences* 104:18566.

Gryseels, S., T. D. Watts, J. M. K. Mpolesha, et al. 2020. A near fulllength HIV-1 genome from 1966 recovered from formalin-fixed paraffin-embedded tissue. *Proceedings of the National Academy of Sciences* 117:12222-29.

Sauter, D., and F. Kirchhoff. 2019. Key viral adaptations preceding the AIDS pandemic. *Cell Host & Microbe* 25:27-38.

미국으로 진출하다

Hadfield, J., A. F. Brito, D. M. Swetnam, et al. 2019. Twenty years of West Nile virus spread and evolution in the Americas visualized by Nextstrain. *PLoS Pathology* 15:e1008042.

Journal of Medical Entomology. 2019. Special Collection: Twenty Years of West Nile Virus in the United States. 56 (6). https://doi.org/10.1093/jme/tjz130.

Martin, M.-F., and S. Nisole. 2020. West Nile virus restriction in mosquito and human cells: A virus under confinement. *Vaccines* 8:256.

Paz, S. 2019. Effects of climate change on vector-borne diseases: An updated focus on West Nile virus in humans. *Emerging Topics in Life Sciences* 3:143-52.

Sharma, V., M. Sharma, D. Dhull, Y. Sharma, S. Kaushik, and S. Kaushik. 2020. Zika virus: An emerging challenge to public health worldwide. *Canadian Journal of Microbiology* 66:87-98.

Ulbert, S. 2019. West Nile virus vaccines-current situation and future directions. *Human Vaccines & Immunotherapeutics* 15:2337-42.

팬데믹의 시대

Holmes, E. C., and A. Rambaut. 2004. Viral evolution and the emergence of SARS coronavirus. *Philosophical Transactions of the Royal*

Society B: Biological Sciences 359:1059-65.

Morse, S.S. 1991. Emerging Viruses: Defining the Rules for Viral Traffic. *Perspectives in Biology and Medicine* 34:387-409.

New York Times. 2020. "He warned of coronavirus. Here's what he told us before he died." February 7. https://www.nytimes.com/2020/02/07/world/asia/Li-Wenliang-china-coronavirus.html.

Quammen, D. 2012. *Spillover: Animal infections and the next human pandemic.* New York: W. W. Norton.

Raj, V. S., A. D. Osterhaus, R. A. Fouchier, and B. L. Haagmans. 2014. MERS: Emergence of a novel human coronavirus. *Current Opinion in Virology* 5:58-62.

Tang, D., P. Comish, and R. Kang. 2020. The hallmarks of COVID-19 disease. *PLoS Pathogens* 16:e1008536.

Xiong, Y., and N. Gan. 2020. "This Chinese doctor tried to save lives, but was silenced. Now he has coronavirus." CNN. February 4, 2020. https://www.cnn.com/2020/02/03/asia/coronavirusdoctor-whistle-blower-intl-hnk.

영원히 안녕

Duggan, A. T., M. F. Perdomo, D. Piombino-Mascali, et al. 2016. 17th century variola virus reveals the recent history of smallpox. *Current Biology* 26:3407-12.

Esparza, J., S. Lederman, A. Nitsche, and C. R. Damaso. 2020. Early smallpox vaccine manufacturing in the United States: Introduction of the "animal vaccine" in 1870, establishment of "vaccine farms," and the beginnings of the vaccine industry. *Vaccine* 38:4773-79.

Koplow, D. A. 2003. *Smallpox: The fight to eradicate a global scourge.* Berkeley: University of California Press.

Kupferschmidt, K. 2017. How Canadian researchers reconstituted an extinct poxvirus for $100,000 using mail-order DNA. *Science,* July 6. http://dx.doi.org/10.1126/science.aan7069.

Mariner, J. C., J. A. House, C. A. Mebus, et al. 2012. Rinderpest eradication: Appropriate technology and social innovations. *Science* 337:1309-12.

Meyer, H., R. Ehmann, and G. L. Smith. 2020. Smallpox in the posteradication era. *Viruses* 12:138.

Noyce, R. S., S. Lederman, D. H. Evans. 2018. Construction of an infectious horsepox virus vaccine from chemically synthesized DNA fragments. *PLoS ONE* 13:e0188453.

Reardon, S. 2014. "Forgotten" NIH smallpox virus languishes on death row. *Nature* 514:544.

Thèves, C., E. Crubézy, and P. Biagini. 2016. History of smallpox and its spread in human populations. In *Paleomicrobiology of humans.* ed. M. Drancourt and D. Raoult, pp. 161-72. Washington, DC: ASM Press.

Wimmer, E. 2006. The test-tube synthesis of a chemical called poliovirus. *EMBO Reports* 7:S3-9.

냉각기 속의 낯선 존재

Berjón-Otero, M., A. Koslová, and M. G. Fischer. 2019. The dual lifestyle of genome-integrating virophages in protists. *Annals of the New York Academy of Sciences* 1447:97-109.

Colson, P., B. La Scola, A. Levasseur, G. Caetano-Anolles, and D. Raoult. 2017. Mimivirus: Leading the way in the discovery of giant viruses of amoebae. *Nature Reviews Microbiology* 15:243.

Colson, P., Y. Ominami, A. Hisada, B. La Scola, and D. Raoult. 2019. Giant mimiviruses escape many canonical criteria of the virus definition. *Clinical Microbiology and Infection* 25:147-54.

Oliveira, G., B. La Scola, and J. Abrahão. 2019. Giant virus vs amoeba:

Fight for supremacy. *Virology Journal* 16:126.

Schulz, F., S. Roux, D. Paez-Espino, S. Jungbluth, et al. 2020. Giant virus diversity and host interactions through global metagenomics. *Nature* 578:432-36.

Zimmer, C. 2021. *Life's edge: The search for what it means to be alive.* New York: Dutton.

일러스트와 사진 저작권

각 장의 일러스트
copyright © 2021 by Ian Schoenherr.

'전염성을 띤 살아 있는 액체'
담배모자이크바이러스 © Dennis Kunkel Microscopy, Inc.

별난 감기
리노바이러스 copyright © 2010 Photo Researchers, Inc. (all rights reserved).

별에서 내려다보다
인플루엔자바이러스 by Frederick Murphy, from the PHIL, courtesy of the CDC.

뿔 난 토끼
사람유두종바이러스 copyright © 2010 Photo Researchers, Inc. (all rights reserved).

우리 적의 적

박테리오파지 courtesy of Graham Colm.

감염된 바다

해양 파지 courtesy of Willie Wilson.

우리 안의 기생체

조류백혈구바이러스 courtesy of Dr. Venugopal Nair and Dr. Pippa Hawes, Bioimaging group, Institute for Animal Health.

새로운 천벌

사람면역결핍바이러스 by P. Goldsmith, E. L. Feorino, E. L. Palmer, and W. R. McManus, from the PHIL, courtesy of the CDC.

미국으로 진출하다

웨스트나일바이러스 by P. E. Rollin, from the PHIL, courtesy of the CDC.

팬데믹의 시대

코로나19 image captured and color-enhanced at the NIAID Integrated Research Facility(IRF) in Fort Detrick, Maryland. Credit: NIAID (CC BY 2.0).

영원히 안녕

천연두바이러스 by Frederick Murphy, from the PHIL, courtesy of the CDC.

냉각기 속 낯선 존재

미미바이러스 courtesy of Dr. Didier Raoult, Research Unit in Infectious and Tropical Emergent Diseases (URMITE).

옮긴이의 말

지금 우리는 날마다 바이러스 소식을 듣고 있다. 감염자와 피해 상황, 백신 개발과 접종, 대책, 세계적인 추세 등이 매일 뉴스를 장식한다. 유례없는 상황이라는 말이 식상하게 들릴 만치 코로나19의 유행이 계속 이어지고 있다. 그런 뉴스에는 방역 대책이 미흡하다는 말도 어김없이 따라붙는다.

그러나 이 코로나19의 유행을 떠나서 더 멀리 보자면, 이런 상황은 이미 예견된 것이었다. 지금의 코로나19 유행은 이 책의 저자뿐 아니라, 전 세계의 바이러스학자들과 유행병학자들이 계속 우려한 상황이 실현된 사례 중 하나에 불과하다.사실 70억 명을 넘어서 머지않아 100억 명에 달할 예정이고, 전 세계 곳곳에 수백만 수천만 명씩 복작거리는 도시를 이루고 있으며,

하루도 지나지 않아서 세계 곳곳으로 옮겨갈 수 있는 데다, 온 갖 생물들과 접촉하면서 살아가는 '인류'야말로 기생하는 모든 세균과 바이러스에게 '완벽한 숙주'가 아니겠는가?

하지만 어느 바이러스가 언제 들이닥쳐서 엄청난 피해를 입힐지 예측하기란 쉽지 않다. 게다가 우리는 아직 바이러스에 관해 잘 모른다. 바이러스가 생물인지 여부조차도 결론을 내리기 쉽지 않다는 사실이야말로 우리가 바이러스를 잘 모른다는 것을 잘 보여준다.

대체 바이러스란 무엇이고, 우리에게 어떤 피해를 입히며, 지구 생태계에서 어떤 역할을 할까? 바이러스는 수가 얼마나 되고 종류는 얼마나 될까? 코로나바이러스 소식을 듣는 사이 사이에 우리는 이따금 그런 의문을 자연스레 떠올리게 된다. 이 책은 바로 그런 이들을 위한 완벽한 바이러스 소개서다.

탁월한 과학 저술가이자, 코로나바이러스 백신 트래커 (Coronavirus Vaccine Tracker)라는 사이트를 공동으로 운영하면서 코로나19에 관한 가장 믿을 만한 소식들을 빠르게 전달하는 데 기여하고 있는 저자는 이 책에서 바이러스의 이모저모를 이해하기 쉽게 설명한다. 지금까지 인류에게 큰 피해를 줬거나, 우리에게 큰 의미가 있는 바이러스들을 하나하나 소개하면서 바이러스와 인류의 역사를 차근차근 들려준다. 바이러스를 전혀 모르는 독자들도 얼마든지 흥미진진하게 읽을 수 있다.

이 책은 기존에 나온 책의 세 번째 개정판이지만, 저자는 단순히 몇 문장을 덧붙이거나 빼는 정도로 개정하지 않았다. 최신 연구 결과를 반영하는 한편으로, 기존 내용도 새로운 과학적 시각을 토대로 아예 다시 썼다. 게다가 코로나바이러스에 관한 사항, 앞으로 바이러스와 인류의 관계를 어떻게 봐야 하는가에 대한 내용도 추가했다. 사실상 새로 쓴 것이나 다름없는 수준이다. 이 대목에서 탄복할 만큼 성실한 과학 저술가의 모습을 엿볼 수 있다. 바이러스가 무엇인지 궁금증이 이는 사람이라면, 바이러스에 대한 새로운 소식이 궁금한 사람이라면 꼭 읽어보기를 권한다.

바이러스 행성

개정판 1쇄 인쇄 2021년 10월 8일 **개정판 1쇄 발행** 2021년 10월 20일

지은이 칼 짐머
옮긴이 이한음
펴낸이 이승현

편집2 본부장 박태근
W&G1 팀장 류혜정
디자인 김준영

펴낸곳 ㈜위즈덤하우스 **출판등록** 2000년 5월 23일 제13-1071호
주소 서울특별시 마포구 양화로 19 합정오피스빌딩 17층
전화 02) 2179-5600 **홈페이지** www.wisdomhouse.co.kr

ISBN 979-11-6812-025-9 03470